Scriptor Praxis

ATTILA FURDEK (HRSG.) /
MATTHIAS BENKESER / DIANA DRAGMANN

Mathematische Grundlagen verständlich einführen

Erfolgreich unterrichten in den Klassen 7–10

Cornelsen

Die Autoren
Attila Furdek unterrichtet seit 1992 Mathematik am Gymnasium „Heimschule Lender“ in 77880 Sasbach. Mathematik für Schülerinnen und Schüler verständlich zu erklären war und ist ein zentrales Anliegen von ihm. Neben zahlreichen Veröffentlichungen hielt er Vorträge an den didaktischen Seminaren der Universitäten Freiburg und Karlsruhe sowie an der Landesakademie für Fortbildung und Personalentwicklung an Schulen in Esslingen.

Matthias Benkeser unterrichtet seit 2000 Mathematik und Physik am Gymnasium „Heimschule Lender“ in 77880 Sasbach. Er hat mehrere gemeinsame Veröffentlichungen mit Attila Furdek, mit dem er seit über 20 Jahren zusammenarbeitet.

Diana Dragmann studierte Informatik und arbeitet als Softwareentwicklerin, hat aber eine große Vorliebe für Mathematik. Sie arbeitet seit über zehn Jahren mit Attila Furdek und Matthias Benkeser zusammen und hat mehrere gemeinsame Veröffentlichungen mit den beiden Autoren.

Projektleitung: Dorothee Weylandt, Berlin
Redaktion: Lena Schenk, Braunschweig
Umschlagfoto: stock.adobe.com / Jo Panuwat D
Umschlaggestaltung: LemmeDESIGN, Berlin
Zeichnungen und Grafiken Innenteil: Attila Furdek und Diana Dragmann, Achern
Layout: LemmeDESIGN, Berlin

www.cornelsen.de

1. Auflage 2023

Druck: AZ Druck und Datentechnik, Kempten

ISBN 978-3-589-16919-1

PEFC-zertifiziert
Dieses Produkt stammt aus nachhaltig bewirtschafteten

für Daniel und Julia

Inhalt

Vorwort

Es ist von wesentlicher Bedeutung, mathematische Begriffe für alle Lernenden klar und verständlich einzuführen. Wenn dies gelingt, ist eine wichtige Voraussetzung für die weitere Arbeit im Mathematikunterricht erfüllt. Wenn einführende Begriffe, Sätze oder Regeln hingegen unklar bleiben, sind die Lernenden verunsichert und werden dem weiteren Unterricht schwer folgen können. Dies beeinträchtigt auch ihre Motivation.
Ob Lehrprobe eines Referendars, anstehender Unterrichtsbesuch einer Lehrkraft oder im täglichen Unterricht: Es kommt stets darauf an, mathematische Begriffe einfallsreich und gut verständlich einzuführen. Dieser Aspekt ist entscheidend für den Lernerfolg der Lernenden und für die positive Beurteilung einer jeden Lehrkraft.
In diesem Buch bieten wir bei ausgewählten mathematischen Begriffen, Sätzen und Regeln sehr konkrete didaktische Ansätze an, wie man diese verständlich und schülerfreundlich einführen kann. Alle Ansätze sind im Unterricht mehrfach erprobt und von den Lernenden überaus gut aufgenommen worden.
Die Ansätze beschränken sich mit Absicht auf eine gelungene Einführung der Grundkenntnisse an einigen gezielt ausgewählten Beispielen. Um die Grundfertigkeiten weiter zu üben oder zu vertiefen, kann das eingeführte Schulbuch verwendet werden, da eine größere Ausführlichkeit den Rahmen dieses Buches sprengen würde.
Die Inhalte reichen von der Unterstufe bis zum Beginn der Oberstufe. Jedes Thema ist eine getrennte Einheit, die unabhängig von den anderen Themen eingesetzt werden kann.
Dieses Buch richtet sich an alle Lehrkräfte, die Mathematik unterrichten und die ab und zu auch etwas Neues ausprobieren möchten, sowie an Referendare und Lehramtsanwärter, die auf der Suche nach guten Unterrichtseinstiegen sind.

Jede Einheit fängt mit einer Vorbemerkung an, in der das Autorenteam einige Punkte hervorheben. Innerhalb der Einheiten werden auch konzeptuelle Überlegungen dargestellt. Die Vorteile der vorgestellten Ansätze werden hervorgehoben. Jede Einheit ist für den direkten Einsatz im Unterricht ausgearbeitet. Hierzu finden die Lehrenden konkrete Hinweise, wie die Einheiten im Unterricht gestaltet werden können.
Bestimmte Ideen und didaktische Ansätze ziehen sich als roter Faden durch das ganze Buch. Dazu gehören das Wecken von Neugier und Interesse, strukturiertes Denken, Analogien, die aktive Beteiligung der Lernenden, entdeckendes Lernen, Schülersprache, Zurückgreifen auf Bekanntes und vernetztes Denken.
Wir stellen unsere Anregungen im Bewusstsein vor, dass es sich um keine Universalrezepte handelt. Jede Lehrerin und jeder Lehrer kann individuell entscheiden, aus welchen Einheiten man etwas übernehmen will und wie man die jeweiligen Ansätze an die eigene Persönlichkeit anpasst und weiterentwickelt.
Das Buch ist eine Einladung, Grundkenntnisse der Mathematik gut verständlich einzuführen.
Wir hoffen, mit dem Buch eine sinnvolle Ergänzung zu den klassischen Mathematikbüchern anbieten zu können.
Vor allem aber wünschen wir dem Leser viel Spaß bei der Lektüre!

Das Autorenteam

1 Vereinfachen von Termen mit Variablen

Vorbemerkung: Die Einführung von Variablen markiert für einige Lernende einen Wendepunkt. Ab jetzt wird Mathematik für sie abstrakter und nicht mehr so zugänglich wie bisher. Das Autorenteam strebt daher einen sanften Einstieg an.
In dieser Einheit kommen nicht nur Terme mit einer Variablen, sondern auch Terme mit zwei Variablen vor. Das Autorenteam hat dabei auch die binomischen Formeln im Hinterkopf.

1.1 Vereinfachen von Summen und Differenzen

1.1.1 Beispiele aus dem Alltag

Beispiel 1
2 Äpfel + 3 Äpfel = 5 Äpfel
Vorteil: Das Beispiel stammt aus der Lebenswelt der Lernenden.

Beispiel 2
5 Birnen − 2 Birnen = 3 Birnen
Vorteil: Das Beispiel stammt aus der Lebenswelt der Lernenden.

Beispiel 3
6 Äpfel + 5 Birnen − 4 Äpfel + 3 Birnen = 2 Äpfel + 8 Birnen
Vorteil: Das Beispiel stammt aus der Lebenswelt der Lernenden.

Beispiel 4
4 Äpfel + 6 Birnen = 4 Äpfel + 6 Birnen
Man kann doch Äpfel und Birnen nicht zusammenzählen!
Vorteil: Man greift auf einen bekannten Spruch zurück.

Beispiel 5
7 Katzen − 3 Katzen = 4 Katzen
Vorteil: Das Beispiel ist für die Lernenden gut nachvollziehbar.

Beispiel 6
9 Blumen + 4 Katzen + 2 Katzen − 6 Blumen = 3 Blumen + 6 Katzen
Vorteil: Das Beispiel ist für die Klasse gut nachvollziehbar.

1.1.2 Beispiele aus der Mathematik

Beispiel 7
$2x + 3x$
Die Lehrperson greift auf Beispiel 1 zurück.
Durch Analogie erhält man:
$2x + 3x = 5x$
Vorteil: Das mathematische Beispiel wird auf ein Beispiel aus dem Alltag zurückgeführt.

Beispiel 8
$5a - 2a$
Die Lehrperson greift auf Beispiel 2 zurück.
Durch Analogie erhält man:
$5a - 2a = 3a$
Vorteil: Das mathematische Beispiel wird auf ein Beispiel aus dem Alltag zurückgeführt.

Beispiel 9
$6x + 5a - 4x + 3a$
Die Lehrperson greift auf Beispiel 3 zurück.
Durch Analogie erhält man:
$6x + 5a - 4x + 3a = 2x + 8a$
Vorteil: Das mathematische Beispiel wird auf ein Beispiel aus dem Alltag zurückgeführt.
Anmerkung: Die Lehrperson kann die gleichnamigen Terme unterstreichen oder mit einer Farbe markieren.
Zum Beispiel: $\underline{6x} + \mathbf{5a} \underline{- 4x} + \mathbf{3a} = 2x + \mathbf{8a}$
Vorteil: Die Markierungen ermöglichen einen besseren Überblick.

Beispiel 10
$4a + 6x$
Die Lehrperson greift auf Beispiel 4 zurück.
Durch Analogie erhält man:
$\mathbf{4a} + 6x = \mathbf{4a} + 6x$
Vorteil: Man sieht, dass man den Term nicht vereinfachen kann.

1.1.3 Schülersprache und Mathematikersprache

Schülersprache	**Mathematikersprache**
4 Äpfel + 3 Äpfel = 7 Äpfel	4x + 3x = 7x
9 Birnen – 6 Birnen = 3 Birnen	9b – 6b = 3b
5 Katzen – 2 Blumen + 3 Katzen = 8 Katzen – 2 Blumen	5a – 2x + 3a = 8a – 2x

Ansprache an die Klasse: Eine *eigene Schülersprache ist sinnvoll,* denn so könnt ihr viel besser verstehen, worum es geht. Sie ist aber je nach Person *unterschiedlich* und daher manchmal vielleicht unklar oder leicht *missverständlich.*

Die *Mathematikersprache* ist hingegen *einheitlich* und damit *für alle klar* und *eindeutig.*

Jeder *darf* in seiner eigenen *Schülersprache denken* – und ihr solltet dies auch tun. So kann euch das Rechnen leichter fallen. Bei einer Arbeit oder Prüfung müsst ihr aber am Ende alles in die einheitliche *Mathematikersprache* übersetzen und es so wiedergeben, dass alle genau verstehen, was ihr meint.

Vorteil: Die Schülerinnen und Schüler erhalten einen Ansatz, wie sie das Vereinfachen solcher Terme nachvollziehen und korrekt durchführen können. Dies erhöht die Akzeptanz der Rechentechnik.

1.1.4 Weitere Übungen

Die Lehrperson vermied bis jetzt Terme, bei denen Zahlen auch ohne Variablen vorkommen, da zum einen das Vereinfachen von Zahlen nichts Neues ist, zum anderen Zahlen ohne Variablen nicht in das bisherige Konzept passten. Nun folgen auch solche Terme, die sowohl Zahlen mit als auch ohne Variablen haben.

Beispiel 11

5x – 2 + 4x + 6

Die Lehrperson erklärt im Unterrichtgespräch:

Merke: Zahlen werden wie bisher zusammengefasst, Terme mit Variablen nach der gezeigten Methode.

$\mathbf{5x} \underline{-2} + \mathbf{4x} \underline{+6} = \mathbf{9x} + 4$

Beispiel 12

–3a + 7x + 3 – 2x + 5a + 6 =

$\mathbf{-3a} \underline{+7x} + 3 \underline{-2x} \mathbf{+5a} + 6 = \mathbf{2a} + 5x + 9$

Die Lehrperson erinnert die Lernenden daran, dass die Möglichkeit besteht, auf Beispiele aus dem Alltag zurückzugreifen.

Zum Beispiel könnte man bei $-3a + 5a$ so vorgehen und sich a als Äpfel vorstellen:
−3 Äpfel + 5 Äpfel
Wenn man nun die Reihenfolge vertauscht, erhält man:
5 Äpfel − 3 Äpfel = 2 Äpfel
Daher gilt
$-3a + 5a = 5a - 3a = 2a$

Beispiel 13
$b + 7 - 2x + 4b + 3$
Bisher war keiner der Koeffizienten 1 oder −1.
Diesen Sonderfall greift die Lehrperson nun auf.
Neu ist hier, dass vor dem b keine Zahl steht. Es ist aber zum Beispiel $5 = 1 \cdot 5$, $8 = 1 \cdot 8$. Daher ist $b = 1 \cdot b$, oder ohne Malzeichen $b = 1b$.
$\mathbf{1b} \underline{+ 7} - 2x + \mathbf{4b} \underline{+ 3} = \mathbf{5b} + 10 - 2x$
Vorteil: Das Ausschreiben der „unsichtbaren" Koeffizienten trägt zum besseren Verständnis bei.
Die Lehrperson betont:
Diese Anregungen sind lediglich Angebote, die man bei Bedarf annehmen kann. Einige Lernende kommen auch ohne diese Ansätze zurecht, für die anderen Lernenden sind sie aber wichtige Hilfestellungen.

Beispiel 14
$a + 3b - 7 - b + 4a =$
$\mathbf{1a} \underline{+ 3b} - 7 \underline{- 1b} + \mathbf{4a} = \mathbf{5a} + 2b - 7$

1.2 Klammern auflösen

Das Autorenteam empfiehlt: Das Wort Distributivgesetz sollte man in der Unterstufe nur am Rande erwähnen. Es ist ein Fremdwort, zu dem der eigentliche mathematische Hintergrund (algebraische Strukturen) fehlt. Dasselbe gilt auch für die Wörter Assoziativgesetz und Kommutativgesetz.

1.2.1 Einführung

Die Lehrperson schreibt den Term $5 \cdot (3 + 7)$ an die Tafel und berechnet ihn auf zwei Arten:
1. Möglichkeit: $5 \cdot (3 + 7) = 5 \cdot 10 = 50$
2. Möglichkeit: $5 \cdot 3 + 5 \cdot 7 = 15 + 35 = 50$
Anschließend fragt sie die Klasse:
Was kann man bemerken?

Es ist davon auszugehen, dass viele Lernende merken, dass die zwei Ergebnisse gleich sind.
Es gilt also:
$5 \cdot (3 + 7) = 5 \cdot 3 + 5 \cdot 7$
Vorteil: Die Lernenden haben das Distributivgesetz an einem Beispiel selbst entdeckt.
Die Lehrperson teilt den Lernenden mit, dass sie eine wichtige Regel entdeckt haben und fragt:
Wie könnte man wohl $a \cdot (b + c)$ anders schreiben?
Antwort:
$a \cdot (b + c) = a \cdot b + a \cdot c$ (Distributivgesetz)
Die Lehrperson erklärt, dass man zum Beispiel statt $a \cdot b$ auch ab schreiben kann.
Man kann daher die neue Regel auch so schreiben:
$a(b + c) = ab + ac$ (Klammer ausmultiplizieren)
Die Lehrperson betont:
Bei einem Term mit Zahlen ohne Variablen wie $5 \cdot (3 + 7)$ braucht man diese Regel nicht, denn man kann ja zunächst die Klammer berechnen. Bei einem Term der Form $a \cdot (b + c)$ hingegen kann man die Klammer nicht berechnen. Die neue Regel ist also für diese Terme sinnvoll, denn so kann man die Klammer ausmultiplizieren.

1.2.2 Anwendungen

Die Lehrperson beschränkt sich zunächst auf einfache Übungen.

Beispiel 15
$2(5 + x) = 2 \cdot 5 + 2x = 10 + 2x$

Beispiel 16
$10(2b - 3) = 10 \cdot 2b - 10 \cdot 3 = 20b - 30$

Beispiel 17
$(4a - 2) \cdot 5$
Wenn man nun die Reihenfolge vertauscht, erhält man:
$5 \cdot (4a - 2) = 5 \cdot 4a - 5 \cdot 2 = 20a - 10$

1.2.3 Minusklammerregel

Die Lehrperson schreibt den Term $-(2x - 5)$ an die Tafel und fragt die Lernenden:
Wie kann man wohl die Klammer auflösen?

Aus didaktischer und psychologischer Sicht ist problematisch, dass vor der Klammer keine Zahl steht.
Dies lässt sich jedoch so auflösen:
−1 (2x − 5)
oder
(−1) (+2x − 5)
Nun können die Lernenden die Klammer ausmultiplizieren:
$(-1)(+2x-5) = (-1) \cdot (+2x) + (-1) \cdot (-5) = -2x + 5$
Vorteil: Die Lernenden führen die Minusklammerregel auf das Ausmultiplizieren zurück.

Zusammengefasst

$-(2x-5) = -2x + 5$
Minusklammerregel: Wenn vor einer Klammer ein negatives Vorzeichen (−) steht, kann man die Klammer weglassen, indem man das Vorzeichen jedes Terms aus der Klammer ändert.
Die Lehrperson betont: Ihr habt eine wichtige Regel entdeckt, die man ab sofort verwenden kann.

Beispiel 18

$-(-3a + 2b - 4) = 3a - 2b + 4$

1.2.4 Plusklammerregel

Die Lehrperson schreibt den Term + (2x − 5) an die Tafel und fragt die Klasse: Wie kann man wohl die Klammer auflösen?
Aus didaktischer und psychologischer Sicht ist problematisch, dass vor der Klammer keine Zahl steht. Dies lässt sich so auflösen:
1 (2x − 5)
Nun können die Lernenden die Klammer ausmultiplizieren:
$\mathbf{1}(2x-5) = \mathbf{1} \cdot (2x-5) = 1 \cdot 2x + 1 \cdot (-5) = 2x - 5$

Zusammengefasst

$+(2x-5) = 2x - 5$
Vorteil: Die Lernenden führen die Plusklammerregel auf das Ausmultiplizieren zurück.
Plusklammerregel: Wenn vor einer Klammer ein positives Vorzeichen (+) steht, kann man die Klammer weglassen.
Die Lehrperson betont: Ihr habt eine wichtige Regel entdeckt, die man ab sofort verwenden kann.

Beispiel 19
$+(-4b + 3x - 5) = -4b + 3x - 5$

1.2.5 Ausmultiplizieren zweier Klammern

Dies ist unter anderem wegen der binomischen Formeln sinnvoll und sogar erforderlich.
Die Lehrperson schreibt den Term $(a + b)(c + d)$ an die Tafel und stellt die Frage: Wie könnte man wohl diese Klammern ausmultiplizieren?
Antwort: Man bezeichnet $a + b$ mit u, also ist
$u = a + b$
Setzt man dies nun ein, so sieht der Term so aus:
$u(c + d)$
Vorteil: Man kann eine bekannte Regel anwenden.
$u(c + d) = uc + ud$
Wegen
$u = a + b$
gilt:
$u(c + d) = uc + ud = (a + b)c + (a + b)d$
Wenn man im letzten Term Reihenfolgen vertauscht, erhält man:
$c(a + b) + d(a + b)$
Nun kann man die bekannte Regel erneut anwenden:
$c(a + b) + d(a + b) = ca + cb + da + db$

Zusammengefasst
$(a + b)(c + d) = ca + cb + da + db$
Wenn man Reihenfolgen vertauscht, erhält man:
$(a + b)(c + d) = ac + ad + bc + bd$ (Ausmultiplizieren zweier Klammern)
Vorteil: Die Klasse konnte die neue Regel selbst herleiten.
Die Lehrperson betont:
Man kann sich die neue Regel nach dem Schema „alles mit allem" merken.
Die Lehrperson kann auch Pfeile einzeichnen.
Vorteil: Diese Veranschaulichung ermöglicht einen besseren Überblick.

$(a + b)(c + d) = ac + ad + bc + bd$

Beispiel 20
$(x + 5)(x - 2) =$
$(x + 5)(x - 2) = x \cdot x + x \cdot (-2) + 5 \cdot x + 5 \cdot (-2) = x^2 - 2x + 5x - 10$
Zwei Terme kann man noch zusammenfassen.
$(x + 5)(x - 2) = x^2 + 3x - 10$

Beispiel 21
$(a - 3)(b + 4) = ab + 4a - 3b - 12$

1.3 Vereinfachen von Produkten

1.3.1 Einführung

Die Lehrperson schreibt folgendes Zahlenbeispiel an die Tafel:
$2 \cdot (3 \cdot 4) =$
Die Klasse kennt inzwischen das Distributivgesetz. Daher ist bei einigen mit einer **falschen Analogie** zu rechnen:
$2 \cdot (3 \cdot 4) = (2 \cdot 3) \cdot (2 \cdot 4) = 6 \cdot 12 = 72$
Die Lehrperson erklärt im Unterrichtsgespräch:
$2 \cdot (3 \cdot 4) = 2 \cdot 12 = 24$ ist korrekt, 72 ist falsch.
Gut zu wissen: Zum Beispiel ist $2 \cdot (3 + 4) = 2 \cdot 3 + 2 \cdot 4$
aber
$2 \cdot (3 \cdot 4)$ ist *nicht* $(2 \cdot 3) \cdot (2 \cdot 4)$!
Allgemein gilt: $a \cdot (b + c) = a \cdot b + a \cdot c$ aber $a \cdot (b \cdot c)$ ist *nicht* $(a \cdot b) \cdot (a \cdot c)$!
Vorteil: Die Klasse gewinnt eine neue Erkenntnis und lernt eine mögliche Fehlerquelle kennen.
Die Lehrperson rechnet nun $2 \cdot (3 \cdot 4)$ auf zwei Arten:
1. Möglichkeit: $2 \cdot (3 \cdot 4) = 2 \cdot 12 = 24$
2. Möglichkeit: $(2 \cdot 3) \cdot 4 = 6 \cdot 4 = 24$
Wegen $2 \cdot (3 \cdot 4) = (2 \cdot 3) \cdot 4$ (Assoziativgesetz) spielt keine Rolle, wo die Klammer steht.
Deswegen kann man die Klammer sogar weglassen:
$2 \cdot 3 \cdot 4$
und den Term berechnen.

1.3.2 Anwendungen

Beispiel 22
$4 \cdot (3x) =$
Man kann die Klammer weglassen und anschließend den Term vereinfachen.
$4 \cdot (3x) = 4 \cdot 3x = 12x$

Beispiel 23

$5x \cdot 2x =$

Man kann zunächst die Reihenfolge ändern und anschließend den Term vereinfachen.

$5x \cdot 2x = 5 \cdot 2 \cdot x \cdot x = 10x^2$

Beispiel 24

$2x \cdot (10x^2) =$

Man kann zunächst die Klammer weglassen und die Reihenfolge umändern.

$2x \cdot (10x^2) = 2x \cdot 10x^2 = 2 \cdot 10 \cdot x \cdot x^2 = 20x^3$

Nebenrechnung: $x \cdot x^2 = x \cdot x \cdot x = x^3$

Nun sind den Lernenden die wichtigsten Regeln und Rechentechniken bekannt, sodass sie auch vermischte Aufgaben lösen können, bei denen möglichst viel des Gelernten angewandt wird. Das Autorenteam beschränkt sich auf einige wenige Anwendungen.

1.4 Vermischte Aufgaben

Forme die folgenden Terme um und vereinfache sie so weit wie möglich.

Beispiel 25

$5a \cdot (2a + 10) =$

$5a \cdot (2a + 10) = 5a \cdot 2a + 5a \cdot 10 = 5 \cdot 2 \cdot a \cdot a + 5 \cdot 10 \cdot a = 10a^2 + 50a$

Beispiel 26

$(4x - 3) \cdot 6x^2 =$

$(4x - 3) \cdot 6x^2 = 6x^2 \cdot (4x - 3) = 6x^2 \cdot 4x - 6x^2 \cdot 3 = 6 \cdot 4 \cdot x^2 \cdot x - 6 \cdot 3 \cdot x^2$

$= 24x^3 - 18x^2$

Beispiel 27

$(2b + 5a)(2b - 5a) = 2b \cdot 2b - 2b \cdot 5a + 5a \cdot 2b - 5a \cdot 5a$

Also

$(2b + 5a)(2b - 5a) = 2 \cdot 2 \cdot b \cdot b - 2 \cdot 5 \cdot a \cdot b + 5 \cdot 2 \cdot a \cdot b - 5 \cdot 5 \cdot a \cdot a$

$= 4b^2 - 10ab + 10ab - 25a^2$

$-10ab$ und $10ab$ heben sich auf.

$(2b + 5a)(2b - 5a) = 4b^2 - 25a^2$

Vorteil: Die Lernenden haben eine binomische Formel hergeleitet.

Aufstellen von Termen

2

Vorbemerkung: Es handelt sich um ein Themengebiet, das auch Kreativität verlangt. Nach einem sanften Einstieg werden Aufgaben behandelt, bei deren Lösung **induktives Denken** verwendet wird. Die Lernenden erfahren an ausgewählten Beispielen, wie sie einen Term selbstständig aufstellen können. Einige Ansätze sind aufgabenübergreifend und damit Teil des **heuristischen Denkens.** Der Unterrichtsvorschlag endet mit Anwendungen aus der Geometrie.

2.1 Einführung

Die Lehrperson zeigt parallel jeweils eine Abbildung mit Zahlen und eine mit Variablen. Einige Terme mit Zahlen werden aufgestellt, aber nicht berechnet, um ihre Struktur auf den allgemeinen Fall übertragen zu können.

Beispiel 1

Quadrat mit der Seitenlänge 3

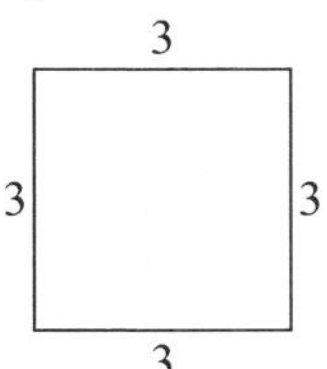

Quadrat mit der Seitenlänge x

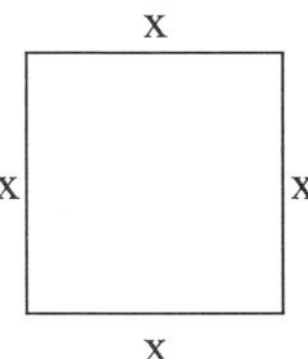

U bezeichnet den Umfang des Quadrats, A den Flächeninhalt des Quadrats. Es ist dann:

$U = 4 \cdot 3 = 12$ $\quad$ $U = 4 \cdot x = 4x$

$A = 3 \cdot 3 = 3^2 = 9$ $\quad$ $A = x \cdot x = x^2$

Vorteil: Das Aufstellen der Terme mit Variablen erfolgt, indem die Klasse die Zahl 3 durch x ersetzt.

Beispiel 2

Rechteck
mit den Seitenlängen 5 und 3

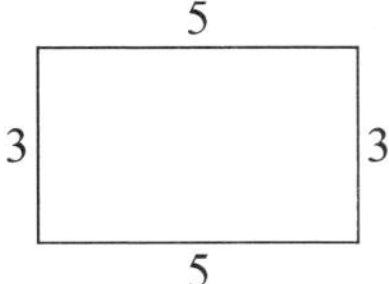

Rechteck
mit den Seitenlängen a und b

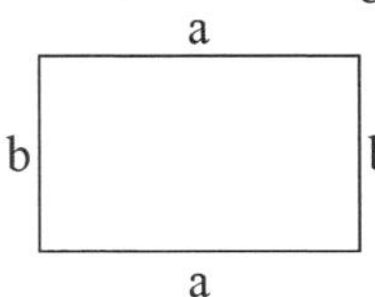

U = 2 · 5 + 2 · 3 = 16 U = 2 · a + 2 · b = 2a + 2b

A = 5 · 3 = 15 A = a · b = ab

Vorteil: Das Aufstellen der Terme mit Variablen erfolgt, indem die Klasse die Zahl 5 durch a und die Zahl 3 durch b ersetzt.

Vorteil: Der Term für den Flächeninhalt beschreibt die bekannte Formel „Länge mal Breite".

2.2 Beispielaufgaben

Beispielaufgabe 1

Die Aufgabenteile werden nach und nach einzeln formuliert und anschließend gelöst.

Sophie zeichnet einige Abbildungen aus Punkten:

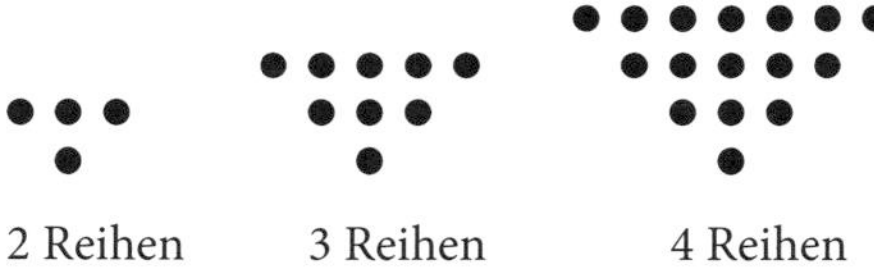

2 Reihen 3 Reihen 4 Reihen

a) Zeichne die Abbildung mit 5 Reihen!

Lösung

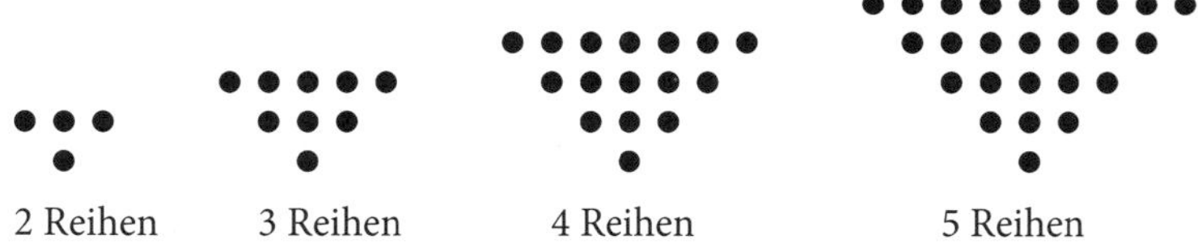

2 Reihen 3 Reihen 4 Reihen 5 Reihen

Vorteil: Die aktive Beteiligung der Klasse führt zu einem besseren Verständnis.

b) Stell dir vor, jemand würde sehr viele weitere solche Abbildungen zeichnen. Wie viele Punkte müsste man in der 100. Reihe zeichnen? Begründe deine Antwort.

Die Lehrperson erklärt, dass eine zeichnerische Lösung sehr zeitaufwändig wäre. Stattdessen kann man versuchen, eine Regel zu entdecken.

Zunächst fasst man die bisherigen Teilergebnisse in einer Tabelle zusammen:

Reihe	Punkte
1	1
2	3
3	5
4	7
5	9

Die Lehrperson fragt nun:
Wie lautet die Regel?
Vorteil: Diese Art von Fragestellung ist den Lernenden aus der Grundschule bekannt.
Es ist davon auszugehen, dass viele Lernende die Regel sofort entdecken. Eine mögliche Formulierung:
Es kommen immer 2 dazu.
Die Lehrperson stellt im Unterrichtsgespräch fest:
Trotz gefundener Regel ist noch nicht offensichtlich, wie viele Punkte in der 100. Reihe stehen. Aber mit Hilfe der Regel kann man die Zahlen zunächst anders schreiben:

Reihe	Punkte
1	1
2	$3 = 1 + 2$
3	$5 = 3 + 2$
4	$7 = 5 + 2$
5	$9 = 7 + 2$

Der Lehrperson ist bewusst, dass diese Lösungsart für die Klasse neu ist. Sie bittet um Geduld und betont:
Das Ziel ist, für jede Anzahl der Punkte einen Term zu finden.

Reihe	Punkte
1	1
2	$3 = 1 + 2$
3	$5 = 1 + 2 + 2$
4	$7 = 1 + 2 + 2 + 2$
5	$9 = 1 + 2 + 2 + 2 + 2$

Vorteil: Man hat die Regel „Es kommen immer 2 dazu." veranschaulicht.
Man rechnet die Terme nicht aus, aber man zählt die 2-er zusammen.

Reihe	Punkte
1	1
2	$3 = 1 + 2$
3	$5 = 1 + 2 \cdot 2$
4	$7 = 1 + 3 \cdot 2$
5	$9 = 1 + 4 \cdot 2$

Um den Zusammenhang noch besser zu sehen, markiert die Lehrperson einige der Zahlen mit zwei Farben.
Ausnahme: Die ersten zwei Zeilen kann man nicht markieren, da man hier „unsichtbare Zahlen" markieren müsste.

Reihe	Punkte
1	1
2	$3 = 1 + 2$
3	$5 = 1 + \underline{2} \cdot 2$
4	$7 = 1 + \underline{3} \cdot 2$
5	$9 = 1 + \underline{4} \cdot 2$

Nun kann die Frage b) beantwortet werden:
In der **100.** Reihe befinden sich $1 + \underline{99} \cdot 2$, also 199 Punkte.

c) Wie viele Punkte befinden sich in der x-ten Reihe?
Die Lehrperson betont: x ist eine Zahl wie 5 oder 100, aber eben unbekannt.

Lösung
Die Lehrperson schreibt nun die letzte Tabelle so:

Reihe	Punkte
1	$1 = 1 + 0 \cdot 2$
2	$3 = 1 + 1 \cdot 2$
3	$5 = 1 + 2 \cdot 2$
4	$7 = 1 + 3 \cdot 2$
5	$9 = 1 + 4 \cdot 2$
...	....
x	$1 + (x - 1) \cdot 2$

Es reicht aus, wenn man feststellt: $\underline{4} = \mathbf{5} - 1$, $\underline{3} = \mathbf{4} - 1$ …
In der x-ten Reihe befinden sich $1 + (x - 1) \cdot 2$ Punkte. Vereinfacht:
$1 + (x - 1) \cdot 2 = 1 + 2x - 2 = 2x - 1$ Punkte
Vorteil: Die Klasse übt **induktives Denken.**
Die Lehrperson schreibt diesmal auch die ersten zwei Zeilen so, dass die Klasse sieht: Der entdeckte Term ist allgemein gültig.

d) Wie viele Punkte befinden sich in der 500. Reihe?

Lösung
Man setzt statt x die Zahl 500 ein.
$2 \cdot 500 - 1 = 1\,000 - 1 = 999$ Punkte
In der 500. Reihe befinden sich also 999 Punkte.
Vorteil: Die Klasse übt **deduktives Denken.**

Zusammenfassung: Ohne die Fachausdrücke „induktives Denken“ und „deduktives Denken“ zu verwenden macht die Lehrperson eine Zusammenfassung.
Eine Möglichkeit dafür:
Zunächst untersuchten wir einige Beispiele. Wir haben Regeln entdeckt, mit deren Hilfe wir einen allgemeinen Term aufgestellt haben, also einen Term, der für alle Beispiele funktioniert. Danach konnten wir diesen Term verwenden, um das Ergebnis eines weiteren Beispiels direkt zu ermitteln.
Die Lehrperson formuliert mit „wir“. Dies erhöht die Identifikation der Klasse mit dem Phänomen.
Veranschaulichung:

allgemein	*Reihe x:*	$1 + (x - 1) \cdot 2$	*Reihe x:*	$2x - 1$
↑ ↓	Entdecken	↑	Anwenden	↓
Beispiele	*Reihe 5:*	$1 + 4 \cdot 2$	*Reihe 500:*	$2 \cdot 500 - 1$

Vorteil: Solche Ansätze bilden die Grundlage für viele ähnliche Aufgaben.

Die Lehrperson erklärt, dass es nun um die Gesamtzahl der Punkte in den Abbildungen geht.

e) Wie viele Punkte gibt es jeweils in den Abbildungen mit 2, 3, 4 und 5 Reihen?
Wie viele Punkte gibt es in der Abbildung mit 30 Reihen? Begründe deine Antwort.

Lösung

In der Abbildung mit 2 Reihen gibt es 4 Punkte, in der Abbildung mit 3 Reihen 9 Punkte, in der Abbildung mit 4 Reihen 16 Punkte und in der Abbildung mit 5 Reihen 25 Punkte.

Man fasst die Teilergebnisse zusammen:

Anzahl Reihen	Anzahl Punkte
2	4
3	9
4	16
5	25

Die Lehrperson fragt nun die Klasse:
Wie lautet die Regel?
Vorteil: Diese Art von Fragestellung ist den Lernenden aus der Grundschule bekannt.
Es ist davon auszugehen, dass einige Lernende die Regel schnell entdecken.

Anzahl Reihen	Anzahl Punkte
2	$4 = 2 \cdot 2 = 2^2$
3	$9 = 3 \cdot 3 = 3^2$
4	$16 = 4 \cdot 4 = 4^2$
5	$25 = 5 \cdot 5 = 5^2$

Nun kann die Frage e) beantwortet werden:
In der Abbildung mit 30 Reihen befinden sich insgesamt $30 \cdot 30 = 30^2$, also 900 Punkte.

f) Wie viele Punkte gibt es insgesamt in der Abbildung mit x Reihen?

Lösung

Man formuliert die entdeckte Regel allgemein:
$x \cdot x = x^2$ Punkte.
Die Lehrperson ergänzt die letzte Tabelle:

Anzahl Reihen	Anzahl Punkte
2	$4 = 2 \cdot 2 = 2^2$
3	$9 = 3 \cdot 3 = 3^2$
4	$16 = 4 \cdot 4 = 4^2$
5	$25 = 5 \cdot 5 = 5^2$
...	...
x	$x \cdot x = x^2$

g) Wie viele Punkte gibt es insgesamt in der Abbildung mit 1 000 Reihen?

Lösung
Man setzt statt x die Zahl 1 000 in den Term ein.
$1\,000 \cdot 1\,000 = 1\,000\,000$
In der Abbildung mit 1 000 Reihen gibt es insgesamt 1 000 000 Punkte.

Bei e) entdeckt man zwar eine Formel, aber sie wurde nicht bewiesen. So wäre es möglich, dass sie für höhere Zahlen nicht gilt.
Die Lehrperson zeigt der Klasse einen möglichen Beweis, ohne jedoch das Wort „Beweis" zu verwenden.

Begründung für die Formel $x \cdot x = x^2$ Punkte
Sonderfall 1: x = 2, also 2 Reihen
Man zeichnet die Punkte zweimal ab. Einmal wie ursprünglich und einmal „auf den Kopf gestellt":

Man hat 2 Reihen und in jeder dieser Reihen 4 Punkte, insgesamt also $2 \cdot 4$ Punkte. Gefragt ist aber nur nach der Hälfte der Punkte.
Man rechnet also:
$\frac{2 \cdot 4}{2} = 2 \cdot \frac{4}{2} = 2 \cdot 2 = 2^2$
Das Ergebnis wurde bestätigt.
Sonderfall 2: x = 3, also 3 Reihen
Man zeichnet die Punkte ebenfalls zweimal ab. Einmal wie ursprünglich und einmal „auf den Kopf gestellt":

Man hat 3 Reihen und in jeder dieser Reihen 6 Punkte, insgesamt also $3 \cdot 6$ Punkte. Gefragt ist aber nur nach der Hälfte der Punkte.
Man rechnet also:
$\frac{3 \cdot 6}{2} = 3 \cdot \frac{6}{2} = 3 \cdot 3 = 3^2$
Das Ergebnis wurde ebenfalls bestätigt.
Allgemeine Untersuchung: x Reihen

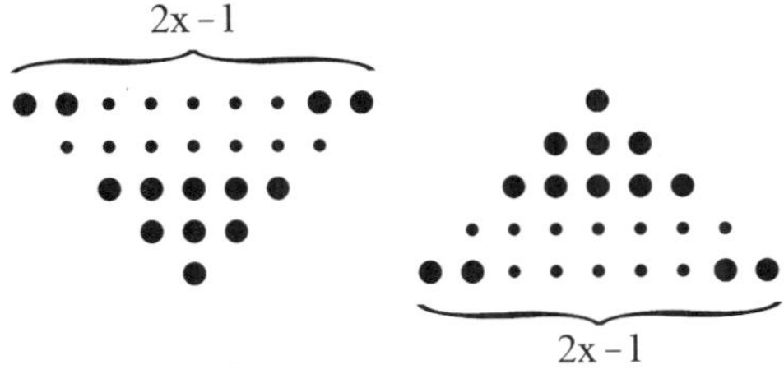

1. Reihe von oben:
Die Reihe besteht aus der bereits bekannten Anzahl $2x - 1$ Punkten und einem weiteren Punkt der umgedrehten Abbildung.
$2x - 1 + 1 = 2x$
2. Reihe von oben:
In der linken Abbildung sind es 2 Punkte weniger und in der rechten Abbildung 2 Punkte mehr als in der 1. Reihe von oben.
Es gibt also insgesamt $2x - 1 - 2 + 1 + 2 = 2x$ Punkte in dieser Reihe.
Diesen Gedankengang kann man für jede Reihe ähnlich vornehmen.
Untere Reihe:
$1 + 2x - 1 = 2x$ Punkte
Man hat x Reihen und in jeder dieser Reihen 2x Punkte, insgesamt also $x \cdot 2x$ Punkte in beiden Abbildungen. Gefragt ist aber nur nach der Anzahl der Punkte in der linken Abbildung. Diese Anzahl ist genau die Hälfte aller Punkte.
$\frac{x \cdot 2x}{2} = x \cdot x = x^2$
Antwort: Der Term x^2 wurde für ein beliebiges x bestätigt.
Vorteil: Die Klasse erlebt exemplarisch mehrere wichtige Phasen: Eine Regel wird an Beispielen entdeckt, die Regel wird allgemein ausgedrückt und die aufgestellte Vermutung wird bewiesen.

Beispielaufgabe 2

Die Teilaufgaben werden nach und nach einzeln formuliert und anschließend gelöst.
Max zeichnet aus Punkten Quadrate:

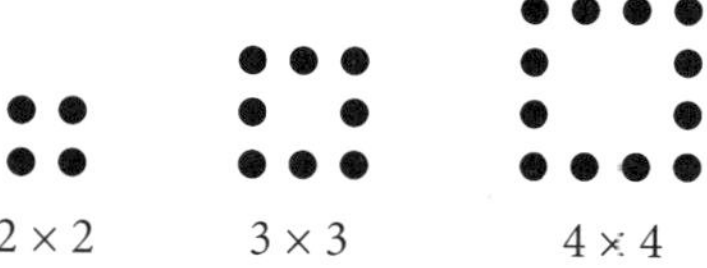

a) Zeichne das Quadrat mit 5 × 5 Punkten!
Lösung

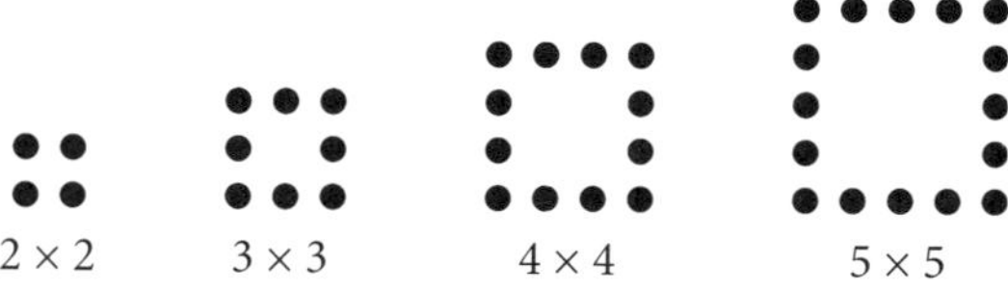

Vorteil: Die aktive Beteiligung der Klasse führt zu einem besseren Verständnis.

b) Zähle die Punkte in den einzelnen Abbildungen zusammen.
Stell dir vor, jemand würde sehr viele weitere solche Abbildungen zeichnen.
Wie viele Punkte gibt es in der Abbildung 51 × 51? Begründe deine Antwort.

Lösung

In der 2 × 2-Abbildung gibt es 4 Punkte, in der 3 × 3-Abbildung gibt es 8 Punkte, in der 4 × 4-Abbildung gibt es 12 Punkte und in der 5 × 5-Abbildung gibt es 16 Punkte.
Man fasst die Teilergebnisse zusammen:

Anzahl Punkte auf einer Seite	Anzahl Punkte in der Abbildung
2	4
3	8
4	12
5	16

Die Lehrperson fragt nun:
Wie lautet die Regel?
Vorteil: Diese Art von Fragestellung ist den Lernenden aus der Grundschule bekannt.
Es ist davon auszugehen, dass viele Lernende die Regel sofort entdecken. Eine mögliche Formulierung: „Es kommen immer 4 Punkte dazu."
Durch die Ähnlichkeit zu Beispielaufgabe 1 geht die Untersuchung schneller.

Anzahl Punkte auf einer Seite	Anzahl Punkte in der Abbildung
2	4
3	4 + 4
4	4 + 4 + 4
5	4 + 4 + 4 + 4

Man zählt nun die 4-er zusammen.

Anzahl Punkte auf einer Seite	Anzahl Punkte in der Abbildung
2	4
3	***2*** · 4
4	***3*** · 4
5	***4*** · 4

Nun kann die Frage b) beantwortet werden:
In der Abbildung mit 51 × 51 Punkten befinden sich 50 · 4, also 200 Punkte insgesamt.

c) Wie viele Punkte befinden sich in einer Abbildung, bei der jede Seite x Punkte enthält?

Lösung

Es reicht, wenn die Lernenden erkennen:
4 = **5** – 1, ***3*** = **4** – 1 usw.
In dieser Abbildung befinden sich (x – 1) · 4 Punkte.
Vereinfacht: (x – 1) · 4 = 4x – 4 Punkte
Vorteil: Die Klasse übt **induktives Denken.**

d) Wie viele Punkte befinden sich in einer 1 001 × 1 001-Abbildung?

Lösung

Statt x setzt man 1 001 ein: 4 · 1 001 – 4 = 4 004 – 4 = 4 000 Punkte.
Vorteil: Die Klasse übt **deduktives Denken.**

e) Zeige, dass der Term 4x – 4 für jedes x korrekt ist.
Das Autorenteam bietet vier unterschiedliche Lösungen an.
Aus Zeitgründen kann die Lehrperson den Lernenden wahrscheinlich nur zwei davon zeigen. Aber sie kann die Lernenden ermutigen, weitere Begründungen selbst zu finden.

Lösungsweg 1

Jede Seite hat x Punkte. Die Folgerung 4x wäre aber voreilig, denn die vier Eckpunkte kommen auf jeweils zwei Seiten vor. Um sie nicht doppelt zu zählen, muss man sie zum Schluss abziehen: 4x – 4
Der Term wurde bestätigt.

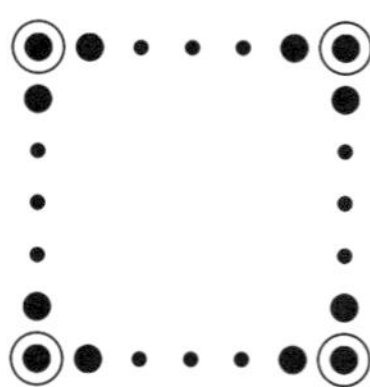

Lösungsweg 2

Auf der rechten und auf der linken Seite betrachtet man je x – 2 Punkte.
Auf der unteren und oberen Seite gibt es noch je x weitere Punkte.
Zusammengezählt ergibt das:
$2(x-2)+2x$
Vereinfacht bedeutet das:
$2(x-2)+2x=2x-4+2x=4x-4$
Der Term wurde bestätigt.

Lösungsweg 3

Auf jeder Seite betrachtet man x – 2 Punkte.
Durch die vier Ecken kommen noch 4 weitere Punkte hinzu.
Zusammengezählt ergibt das:
$4(x-2)+4$
Vereinfacht bedeutet das:
$4(x-2)+4=4x-8+4=4x-4$
Der Term wurde bestätigt.

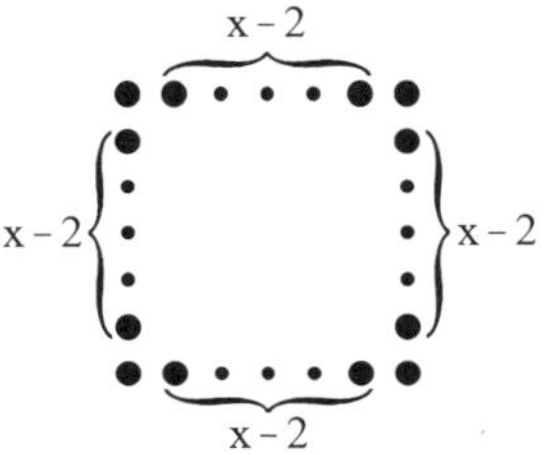

Lösungsweg 4

Auf jeder Seite betrachtet man x – 1 Punkte. Dabei wird jeder Punkt genau einmal erfasst:
Zusammengezählt ergibt das:
$4(x-1)$
Vereinfacht bedeutet das:
$4(x-1)=4x-4$
Der Term wurde bestätigt.

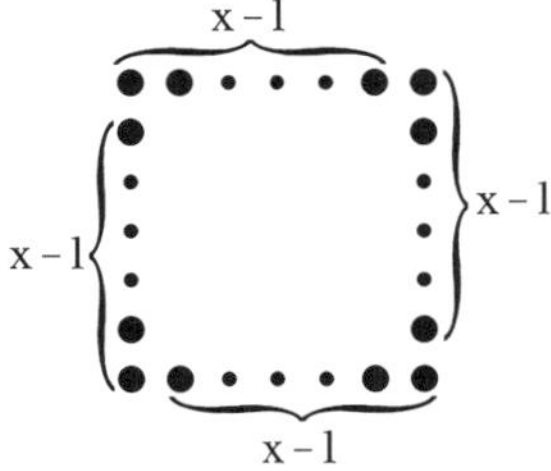

Vorteil: Die Klasse übt den Umgang mit gleichwertigen Termen.

Anmerkung: Das Herzstück dieses Unterrichtsvorschlags sind die Beispielaufgaben. Das Autorenteam ist überzeugt davon, dass es äußerst sinnvoll ist, an dieser Stelle viel Zeit zu investieren und ausführlich zu arbeiten.
Bei Anwendungen aus der Geometrie beschränkt sich der Beitrag auf zwei Aufgaben, deren Lösungen nicht zeitintensiv sind.

2.3 Anwendungen in der Geometrie

Aufgabe 1

a) Stelle einen Term für den Umfang U der markierten Fläche auf (siehe Abbildung).

b) Stelle einen Term für den Flächeninhalt A der markierten Fläche auf (siehe Abbildung).

Hinweis: Bei diesen Termen sind keine cm-Maßzahlen erforderlich.

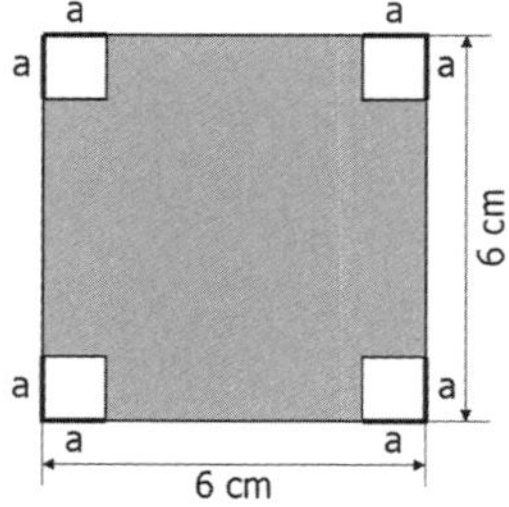

Lösung

a) Der Umfang besteht aus 4 längeren und aus 8 kürzeren Strecken.
Eine längere Strecke ist $6 - 2a$, eine kurze Strecke a cm lang.
Zusammengezählt ergibt das:
$U = 4(6 - 2a) + 8a$
Vereinfacht bedeutet das:
$U = 4(6 - 2a) + 8a = 24 - 8a + 8a = 24$
Der Umfang beträgt also 24 (cm).

b) Die markierte Fläche entsteht, indem man von dem 6×6-Quadrat 4 Quadrate mit der Seitenlänge a abzieht:
$A = 6^2 - 4a^2$
Also
$A = 36 - 4a^2$

Aufgabe 2

Aus einem Würfel mit der Kantenlänge 10 wurde ein quaderförmiger Tunnel ausgeschnitten.

a) Stelle einen Term (in Abhängigkeit von x und y) für das Volumen V des entstandenen Körpers auf.

b) Stelle einen Term (in Abhängigkeit von x und y) für den Oberflächeninhalt O des entstandenen Körpers auf.
Hinweis: Die Innenseiten des Tunnels gehören zum Oberflächeninhalt des Körpers

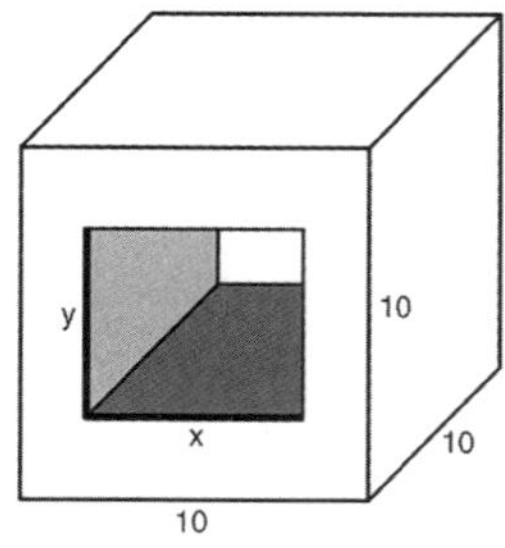

Lösung

a) Ansatz: $V = V_{Würfel} - V_{Tunnel}$

Vorteil: Die Bezeichnungen sind selbsterklärend.

$V_{Würfel} = 10^3 = 1\,000$

Der Tunnel ist ein Quader mit der Länge x, der Breite y und der Tiefe 10.

$V_{Tunnel} = x \cdot y \cdot 10 = 10xy$

Aus dem Ansatz folgt:

$V = 1\,000 - 10xy$

b) Ansatz: $O = 4 \cdot A_{Quadrat\ groß} + 2 \cdot A_{Ring} + 2 \cdot A_{Tunnel\ dunkel} + 2 \cdot A_{Tunnel\ hell}$

Vorteil: Die Bezeichnungen sind selbsterklärend.

$A_{Quadrat\ groß} = 10^2 = 100$

$A_{Ring} = A_{Quadrat\ groß} - A_{Rechteck\ klein}$

$A_{Ring} = 10^2 - xy = 100 - xy$

$A_{Tunnel\ dunkel} = x \cdot 10 = 10x$

$A_{Tunnel\ hell} = y \cdot 10 = 10y$

Aus dem Ansatz folgt:

$O = 4 \cdot 100 + 2 \cdot (100 - xy) + 2 \cdot 10x + 2 \cdot 10y$

$O = 400 + 200 - 2xy + 20x + 20y$

$O = 600 - 2xy + 20x + 20y$

3 Lineare Gleichungen

Vorbemerkung: Es sind die ersten Gleichungen, die die Lernenden kennenlernen. Es ist daher wichtig zunächst den Gleichungsbegriff zu erklären. Anschließend folgen Rechentechniken, mit deren Hilfe man Gleichungen lösen kann. Diese werden von den Lernenden selbst entdeckt. Es werden anschließend auch Gleichungen behandelt, die keine Lösungen oder unendlich viele Lösungen haben.

3.1 Beispiele für Gleichungen

Das Wort „linear" kann die Lehrperson weglassen. Es sind die ersten Gleichungen und die einzigen, die man in dieser Klassenstufe einführt.

Beispiel 1

Was kommt ins Kästchen, damit die Rechnung aufgeht?

$\square + 5 = 8$

Vorteil: Die Lehrperson greift auf eine Formulierung zurück, die vielen Lernenden aus der Grundschule bekannt ist.

Antwort: 3 kommt ins Kästchen, denn

$\boxed{3} + 5 = 8$

Beispiel 2

Welche Zahl muss statt x stehen, damit die Rechnung aufgeht?

$x + 5 = 8$

Vorteil: Die Lehrperson greift auf das vorherige Beispiel zurück. Die Variable x übernimmt die Rolle des Kästchens.

Antwort: 3, denn $3 + 5 = 8$

Beispiel 3

Welche Zahl muss statt x stehen, damit die Rechnung aufgeht?

$10 - x = 6$

Antwort: 4, denn $10 - 4 = 6$

Die Lehrperson thematisiert: Die Gleichung $x + 5 = 8$ hat als Lösung $x = 3$, die Gleichung $10 - x = 6$ hat als Lösung $x = 4$.

Beispiel 4

Zeige, dass $x = 2$ die Lösung der Gleichung $3 \cdot x + 4 = 10$ ist.

Lösung
Man setzt zur Probe statt x die Zahl 2 ein und prüft, ob die Rechnung stimmt:
$3 \cdot 2 + 4 = 10$
$6 + 4 = 10$
Die Rechnung stimmt.
Vorteil: Die Klasse hat die Begriffe Gleichung, Lösung sowie Probe an Beispielen intuitiv kennengelernt.

3.2 Wie kann man eine Gleichung lösen?

Die Lehrperson vermeidet mit Absicht das Wort *Äquivalenzumformungen,* da die Einführung an dieser Stelle nicht notwendig ist. Sie wird später über *gleichwertige Umformungen* oder einfach *Umformungen* reden.

Gleichung 1

$x + 3 = 9$
Errate die Lösung!
Antwort: $x = 6$

Die Lehrperson stellt nun diese Frage:
Wie erhält man die Zahl 6 aus 9 und 3?
Es ist davon auszugehen, dass es viele Lernende sofort sehen:
$6 = 9 - 3$
Vorteil: Diese Entdeckung ebnet den Weg zu einer gleichwertigen Umformung.
Nun kehrt die Lehrperson zur Gleichung $x + 3 = 9$ zurück und zeigt, wie man x ohne Raten durch eine Umformung ermitteln kann:
$x + 3 = 9 \quad | -3$

Die Lehrperson begründet diese Umformung.
Eine Möglichkeit hierfür: Wenn man von zwei gleichen Zahlen jeweils die Zahl 3 abzieht, ergeben sich zwei gleiche Ergebnisse.
$x = 9 - 3$
$x = 6$
Vorteil: Das bekannte Ergebnis wurde noch einmal bestätigt.

Gleichung 2

$x - 2 = 8$
Errate die Lösung!
Antwort: $x = 10$

Die Lehrperson stellt nun die Frage:

Wie erhält man die Zahl 10 aus 8 und 2?
Es ist davon auszugehen, dass es viele Lernende sofort sehen:
$10 = 8 + 2$
Vorteil: Diese Entdeckung ebnet den Weg zu einer gleichwertigen Umformung.
Nun kehrt die Lehrperson zur Gleichung $x - 2 = 8$ zurück und zeigt, wie man x ohne Raten durch eine Umformung ermitteln kann:
$x - 2 = 8 \quad | + 2$
Die Lehrperson begründet diese Umformung.
Eine Möglichkeit hierfür: Wenn man zu zwei gleichen Zahlen jeweils die Zahl 2 addiert, ergeben sich zwei gleiche Ergebnisse.
$x = 8 + 2$
$x = 10$
Vorteil: Das bekannte Ergebnis wurde noch einmal bestätigt.

Gleichung 3

$3 \cdot x = 12$
Errate die Lösung!
Antwort: $x = 4$

Die Lehrperson stellt nun diese Frage:
Wie erhält man die Zahl 4 aus 12 und 3?
Es ist davon auszugehen, dass es viele Lernende sofort sehen:
$4 = 12 : 3$
Vorteil: Diese Entdeckung ebnet den Weg zu einer gleichwertigen Umformung.
Nun kehrt die Lehrperson zur Gleichung $3 \cdot x = 12$ zurück und zeigt, wie man x ohne Raten durch eine Umformung ermitteln kann.
$3 \cdot x = 12 \quad | : 3$
Die Lehrperson begründet diese Umformung.
Eine Möglichkeit hierfür: Wenn man zwei gleiche Zahlen jeweils durch die Zahl 3 teilt, ergeben sich zwei gleiche Ergebnisse.
$\frac{3x}{3} = \frac{12}{3}$
$x = 4$
Vorteil: Das bekannte Ergebnis wurde noch einmal bestätigt.
Die Lehrperson erwähnt noch, dass 3x automatisch $3 \cdot x$ bedeutet.

Gleichung 4

$\frac{x}{5} = 2$
Errate die Lösung!
Antwort: $x = 10$

Die Lehrperson stellt nun diese Frage:
Wie erhält man die Zahl 10 aus 5 und 2?
Es ist davon auszugehen, dass es viele Lernende sofort sehen:
$10 = 5 \cdot 2$
Vorteil: Diese Entdeckung ebnet den Weg zu einer gleichwertigen Umformung.
Nun kehrt die Lehrperson zur Gleichung $\frac{x}{5} = 2$ zurück und zeigt, wie man x ohne Raten durch Umformung ermitteln kann.
$\frac{x}{5} = 2 \quad | \cdot 5$
Die Lehrperson begründet diese Umformung.
Eine Möglichkeit hierfür: Wenn man zwei gleiche Zahlen jeweils durch die Zahl 5 multipliziert, ergeben sich zwei gleiche Ergebnisse.
$\frac{x}{5} \cdot 5 = 2 \cdot 5$
$x = 10$
Vorteil: Das bekannte Ergebnis wurde noch einmal bestätigt.
Die Klasse hat die vier Grundumformungen an Beispielen kennen gelernt.
Die Lehrperson fasst an dieser Stelle das Wichtigste zusammen.
Eine Möglichkeit hierfür:
$+ \leftrightarrow -$ $\qquad - \leftrightarrow +$ $\qquad \cdot \leftrightarrow :$ $\qquad : \leftrightarrow \cdot$
Die Lehrperson wählt mit Absicht eine umgangssprachliche, aber gut verständliche Erklärung. Zum Beispiel:
Bei plus hilft minus, bei minus hilft plus, bei mal hilft geteilt und bei geteilt hilft mal.

Gleichung 5

a) Zeige, dass $x = 3$ die Lösung der Gleichung $2x + 4 = 10$ ist.

Lösung
Man setzt statt x die Zahl 3 ein:
$2 \cdot 3 + 4 = 10$
Die Rechnung stimmt.

b) Löse die Gleichung $2x + 4 = 10$ durch Umformungen.
Vorteil: Die Lehrperson greift auf eine Gleichung zurück, deren Lösung bereits bekannt ist.

Lösung

$2x + 4 = 10$	$\mid - 4$	$2 \cdot 3 + 4 = 10$	$\mid - 4$
$2x = 6$	$\mid : 2$	$2 \cdot 3 = 6$	$\mid : 2$
$x = 3$		$3 = 3$ ✓	

Vorteil: Das bekannte Ergebnis wurde bestätigt.

Die Lehrperson führt nun die Rechnungen auch mit $x = 3$ in einer gesonderten Spalte durch.
Vorteil: Die Klasse sieht, dass nach jeder Umformung die linke Seite und die rechte Seite gleich sind.

Gleichung 6

$6x - 1 = 2x + 3$

Die Lehrperson thematisiert: Die Lösung einer Gleichung sieht so aus:
$x = 5$, $x = 3$ usw.

Merke: Man sortiert so, dass die Variablen auf die linke Seite, die Zahlen auf die rechte Seite kommen.

$6x - 1 = x + 3 \quad | + 1$

$6x = 2x + 4 \quad | -2x$

$4x = 4 \quad | : 4$

$x = 1$

Die Lehrperson fordert die Klasse auf, die Probe durchzuführen.

Probe

$6 \cdot 1 - 1 = 2 \cdot 1 + 3$

$6 - 1 = 2 + 3$

$5 = 5$ ✓

Gleichung 7

$4x - 11 = 7x - 5 \quad | + 11$

$4x = 7x + 6 \quad | -7x$

$-3x = 6 \quad | : (-3)$

$x = -2$

Die Lehrperson betont, dass es möglich ist, mehrere Umformungen gleichzeitig durchzuführen.

$4x - 11 = 7x - 5 \quad | + 11 \, | -7x$

$-3x = 6 \quad | : (-3)$

$x = -2$

Die Lernenden können selbst entscheiden, ob sie nun die Umformungen einzeln oder gebündelt durchführen.
Die Lehrperson führt die Umformungen zunächst einzeln durch.

Gleichung 8

$x - 2 + 3x + 3 = 2 - 2x - 6 + x$

Merke: Mögliche Vereinfachungen (wie z. B. Zusammenfassungen) auf der linken bzw. der rechten Seite werden als Erstes durchgeführt.

$4x + 1 = -x - 4 \quad | -1$

$4x = -x - 5 \quad | + x$

$5x = -5 \quad |: 5$
$x = -1$

Gleichung 9

$1 - 4x - 3 + 2x = -5x + 2 - x + 6$
$-2x - 2 = -6x + 8 \quad | + 6x$
$4x - 2 = 8 \quad | + 2$
$4x = 10 \quad |: 4$
$x = \frac{10}{4} = \frac{5}{2} = 2{,}5$

Gleichung 10

$2 - (1 - 5x) = 4(1 - x) - 3$
Merke: Wenn in der Gleichung Klammern vorkommen, so werden sie als Erstes aufgelöst.
$2 - 1 + 5x = 4 - 4x - 3$
$1 + 5x = -4x + 1 \quad | + 4x$
$1 + 9x = 1 \quad | - 1$
$9x = 0 \quad |: 9$
$x = 0$

Gleichung 11

$3(2 - 5x) - 5(x - 4) = -(3x - 1) + 2(6 - 2x)$
$6 - 15x - 5x + 20 = -3x + 1 + 12 - 4x$
$-20x + 26 = -7x + 13 \quad | + 7x$
$-13x + 26 = 13 \quad | -26$
$-13x = -13 \quad | \cdot (-1)$
Diesen Zwischenschritt empfiehlt die Lehrperson, da negative Vorzeichen eine häufige Fehlerquelle für Lernende sind.
$13x = 13 \quad |: 13$
$x = 1$

Gleichung 12

$\frac{x}{6} - \frac{3}{8} = \frac{x}{3} + \frac{5}{12}$
Die Lehrperson löst Gleichungen mit Brüchen ohne den Hauptnenner zu finden. Denn: Dies ist nicht erforderlich und würde für einige Lernende eine starke, wenn nicht unüberwindbare Hürde bedeuten. Stattdessen können die Lernenden die Nenner in mehreren Schritten eliminieren.
1. Lösungsweg
$\frac{x}{6} - \frac{3}{8} = \frac{x}{3} + \frac{5}{12} \quad | \cdot 6$ Nebenrechnung: $6 \cdot \frac{3}{8} = \frac{18}{8} = \frac{9}{4}$
$x - \frac{9}{4} = 2x + \frac{5}{2} \quad | \cdot 4$
$4x - 9 = 8x + 10$ Nebenrechnung: $4 \cdot \frac{5}{2} = \frac{20}{2} = 10$

$-4x = 19$

$x = -\frac{19}{4}$

Die Lehrperson zeigt nun zwei weitere Lösungswege. Nebenrechnungen werden nur bei Bedarf durchgeführt.

$\frac{x}{6} - \frac{3}{8} = \frac{x}{3} + \frac{5}{12}$ $\quad$ $\vert \cdot 8$	$\frac{x}{6} - \frac{3}{8} = \frac{x}{3} + \frac{5}{12}$ $\quad$ $\vert \cdot 24$
$\frac{4x}{3} - 3 = \frac{8x}{3} + \frac{10}{3}$ $\quad$ $\vert \cdot 3$	$4x - 3 \cdot 3 = 8x + 5 \cdot 2$
$4x - 9 = 8x + 10$	$4x - 9 = 8x + 10$
$-4x = 19$	$-4x = 19$
$x = -\frac{19}{4}$	$x = -\frac{19}{4}$

Vorteil: Die Lernenden erleben, dass verschiedene Lösungswege zum richtigen Ergebnis führen und sie haben die Freiheit, diese selbst zu gestalten. Bei der nächsten Gleichung sieht man ebenfalls zwei mögliche Lösungswege.

Gleichung 13

$\frac{x}{10} - \frac{1}{5} = -\frac{x}{4} + \frac{3}{20}$

1. Lösungsweg	2. Lösungsweg
$\frac{x}{10} - \frac{1}{5} = -\frac{x}{4} + \frac{3}{20}$ $\quad$ $\vert \cdot 10$	$\frac{x}{10} - \frac{1}{5} = -\frac{x}{4} + \frac{3}{20}$ $\quad$ $\vert \cdot 5$
$x - 2 = -\frac{5x}{2} + \frac{3}{2}$ $\quad$ $\vert \cdot 2$	$\frac{x}{2} - 1 = -\frac{5x}{4} + \frac{3}{4}$ $\quad$ $\vert \cdot 4$
$2x - 4 = -5x + 3$	$2x - 4 = -5x + 3$
$7x = 7$	$7x = 7$
$x = 1$	$x = 1$

Die Lehrperson bewertet die einzelnen Lösungswege nicht. Stattdessen ermutigt sie die Lernenden dazu, ihren Gestaltungsspielraum individuell zu nutzen.

Gleichung 14

$0{,}32x - 1{,}5 = 0{,}28x + 0{,}5$

Ziel: Die Dezimalzahlen zu eliminieren.

$0{,}32x - 1{,}5 = 0{,}28x + 0{,}5 \quad \vert \cdot 100$

$32x - 150 = 28x + 50$

$4x = 200$

$x = 50$

Gleichung 15

$0{,}155x + 0{,}235 = 0{,}055x - 0{,}765 \quad \vert \cdot 1\,000$

Merke: Die größte Anzahl der Nachkommastellen bestimmt die Anzahl der Nullen in der Zahl, mit der man die Gleichung multipliziert.

$155x + 235 = 55x - 765$

$100x = -1\,000$

$x = -10$

3.3 Gleichungen ohne Lösungen oder mit unendlich vielen Lösungen

Die Lehrperson schreibt die Überschrift erst später an die Tafel.

Gleichung 16

$2(x-1) - x + 4 = 3(x-2) + 9 - 2x$

$2x - 2 - x + 4 = 3x - 6 + 9 - 2x$

$x + 2 = x + 3 \qquad |-x$

$2 = 3$

Es ist davon auszugehen, dass viele Lernende aus der Klasse überrascht und sogar irritiert auf diese Rechnung reagieren. Diese Stimmung kann die Lehrperson aufgreifen. Eine Möglichkeit hierfür:

Wisst ihr, was ein Schüler namens Charly dazu gesagt hat? Folgendes:

„Ich bin es gewohnt, dass wenn man in Mathe richtig rechnet, das korrekte Ergebnis rauskommt. Und jetzt? Das x ist abgehauen, stattdessen steht 2 = 3, was offensichtlich falsch ist. Was soll der Quatsch?!"

Vorteil: Mit dieser Schülersprache kann sich die Klasse gut identifizieren. Charly spricht ihnen aus der Seele.

Die Lehrperson bittet nun die Klasse darum, für das ungewöhnliche $2 = 3$ eine Erklärung zu finden.

Nach den ersten Wortmeldungen erklärt die Lehrperson das Phänomen der ganzen Klasse. Dazu greift sie die folgende Zwischengleichung noch einmal auf:

$x + 2 = x + 3$

Man sucht also eine Zahl, die um 2 vergrößert dasselbe ergibt, wie wenn man diese Zahl um 3 vergrößert. Es ist klar, dass es eine solche Zahl nicht geben kann, denn $x + 2$ ergibt stets etwas anderes als $x + 3$. Die Gleichung $x + 2 = x + 3$ kann daher für *kein x* aufgehen.

Dies bedeutet, dass diese Gleichung *keine Lösung* besitzt.

Der Lehrperson ist bewusst, dass es die Lernenden gewohnt sind, Aufgaben zu lösen, um Ergebnisse zu erhalten. *Keine Lösung* ist für sie ein neues Phänomen. Daher greift man ein Beispiel aus dem Alltag auf.

Beispiel aus dem Alltag: Sophie sucht nach einem Partner. Er sollte sportlich sein, intelligent – aber nicht intelligenter als Sophie – einfühlsam, vertrauensvoll, aufmerksam, mit viel Taschengeld und viel Freizeit. Später soll er bereit sein, seinen Beruf aufzugeben, um auf die Kinder aufzupassen. Es wird allen klar, dass Sophie mit diesen Erwartungen keinen Prinzen finden wird.

Vorteil: Die Klasse erlebt, dass *keine Lösung* in bestimmten Situationen völlig normal ist.

Gleichung 17

$-3(1 - x) + x = 3(2x - 1) - 2x$

$-3 + 3x + x = 6x - 3 - 2x$

$-3 + 4x = 4x - 3 \quad |+3$

$4x = 4x \quad |-4x$

$0 = 0$

Es ist davon auszugehen, dass einige aus der Klasse auch jetzt überrascht reagieren. Diese Stimmung kann die Lehrperson aufgreifen. Eine Möglichkeit hierfür:

Wisst ihr, was eine Schülerin namens Charlene dazu gesagt hat? Folgendes: *„Wenn man in Mathe richtig rechnet, erhält man das Ergebnis. Und jetzt? Das x ist weg, stattdessen steht 0 = 0. Dass 0 = 0 ist, hätte ich Ihnen auch so sagen können, ohne Gleichung und ohne x. Was soll denn der Quatsch?!"*

Vorteil: Mit dieser Schülersprache kann sich die Klasse gut identifizieren. Charlene spricht ihnen aus der Seele.

Die Lehrperson bittet nun die Klasse darum, für das ungewöhnliche $0 = 0$ eine Erklärung zu finden.

Nach den ersten Wortmeldungen erklärt die Lehrperson das Phänomen der ganzen Klasse. Dazu greift sie die folgende Zwischengleichung noch einmal auf:

$4x = 4x$

Auf beiden Seiten steht derselbe Term, nämlich 4x. Und 4x ist ja 4x. Zum Beispiel $x = 2$ ergibt $8 = 8$, $x = 100$ ergibt $400 = 400$ usw. Die Gleichung $4x = 4x$ stimmt für jedes x. Dies bedeutet, dass die Gleichung unendlich viele Lösungen besitzt.

Erst jetzt schreibt die Lehrperson die Überschrift „Gleichungen ohne Lösung oder mit unendlich vielen Lösungen" an die Tafel.

Gleichung 18

$5x - (x - 1) = 3(x + 1) + x + 2$

$5x - x + 1 = 3x + 3 + x + 2$

$4x + 1 = 4x + 5$

Dies stimmt für kein x, da $1 \neq 5$.

Die Gleichung hat keine Lösung.

Gleichung 19

$-2(x + 1) + 8x - 1 = 3x + 3(x - 1)$

$-2x - 2 + 8x - 1 = 3x + 3x - 3$

$6x - 3 = 6x - 3$

Dies stimmt für jedes x, denn derselbe Term steht auf beiden Seiten.

Die Gleichung hat unendlich viele Lösungen.

Prozentrechnung

4

4.1 Grundwert, Prozentwert, Prozentsatz einführen

Vorbemerkung: In vielen Schulbüchern werden Grundwert, Prozentwert und Prozentsatz getrennt eingeführt und zunächst getrennt geübt. Ferner arbeitet man mit verschiedenen Formeln.
Dieser Beitrag möchte mit den obigen Traditionen brechen. Die drei Begriffe werden gleichzeitig eingeführt. Statt Formeln wendet man eine einheitliche Herangehensweise in allen drei Fällen an.

Beispiel 1

Aufgabe 1
Sophie hat 50 € und gibt davon 20 € aus. Wie viel Prozent ihres Geldes gab Sophie aus?

Lösung

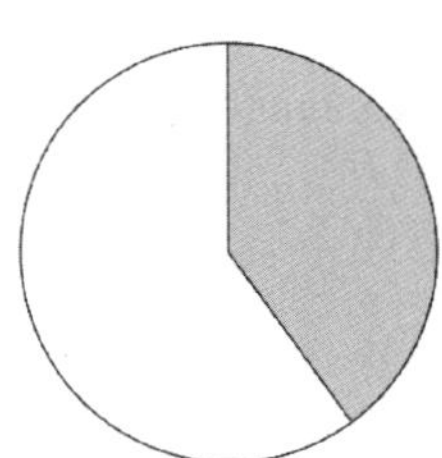

Zunächst fertigt man ein Kreisdiagramm an.
Der ganze Kreis veranschaulicht die 50 €. Der schraffierte Teil steht für die 20 €.
Man kann die Aufgabe zunächst folgendermaßen lösen:
Sophies ganzes Geld entspricht 100 %.

50 € ↔ 100 %   Nebenrechnungen:
0,5 € ↔ 1 %   50 € : 100 = 0,5 € oder 50 € = 100 · 0,5 €
20 € ↔ 40 %   20 € : 0,5 € = 40 oder 20 € = 40 · 0,5 €

Sophie gab also 40 % ihres Geldes aus.
Jetzt lernt die Klasse eine andere Rechentechnik.
Zunächst bildet man aus den Angaben sowie aus der Unbekannten durch Zuordnungen ein Schema:

100 % ↔ 50 €
? ↔ 20 €

Nun kann man direkt einen Term aufstellen. Dazu multipliziert man die zwei Zahlen aus der „vollen Diagonalen“ und dividiert das Produkt durch jene Zahl, die dem Fragezeichen diagonal gegenübersteht:

$? = \frac{100\,\% \cdot 20\,€}{50\,€}$

Wenn man den Bruch kürzt, erhält man:

$? = \frac{20\,€ \cdot 100\,\%}{50\,€} = 20 \cdot 2\,\% = \mathbf{40\,\%}$

Vorteil: Das bekannte Ergebnis ist eine Bestätigung.
Vorteil: Mit dieser Rechentechnik entfallen die Nebenrechnungen mit 1 %.

Vorteil: Die neue Methode ist geeignet um den Grundwert, den Prozentwert und den Prozentsatz zu ermitteln.

Aus 50 €, 20 € und 40 % kann man nun eine andere, ähnliche Aufgabe erstellen.

Aufgabe 2
Sophie hat 50 € und gibt davon 40 % aus. Wie viel Euro gab Sophie aus?
Vorteil: Das Ergebnis 20 € ist aus der vorherigen Aufgabe schon bekannt. Wenn die neue Rechentechnik ebenfalls 20 € liefert, so ist dies ein Aha-Effekt und gleichzeitig eine Bestätigung für die neue Methode.

Lösung
100 % ↔ 50 €
40 % ↔ ?
Man multipliziert die zwei Zahlen aus der „vollen Diagonalen" und dividiert das Ergebnis durch die dritte Zahl:
$? = \frac{40\,\% \cdot 50\,€}{100\,\%}$
Wenn man den Bruch kürzt, erhält man:
$? = \frac{40\,\% \cdot 50\,€}{100\,\%} = 4 \cdot 5\,€ = \mathbf{20\,€}$
Vorteil: Das zu erwartende Ergebnis ist eine Bestätigung.
An dieser Stelle könnte die Lehrperson der Klasse diese Frage stellen: Welche weitere Aufgabe könnte man aus 50 €, 20 € und 40 % erstellen?
Vorteil: Einige Lernende können diese Aufgabe bereits selbst formulieren.

Aufgabe 3
Sophie gab 20 € aus. Dies waren 40 % ihres Geldes. Wie viel Euro hatte Sophie ursprünglich?

Lösung
40 % ↔ 20 €
100 % ↔ ?
Wenn man den Bruch kürzt, erhält man:
$? = \frac{100\,\% \cdot 20\,€}{40\,\%} = 25 \cdot 2\,€ = \mathbf{50\,€}$
Vorteil: Das Ergebnis 50 € ist aus den vorherigen Aufgaben bekannt. Die Klasse erlebt einen weiteren Aha-Effekt.
Ferner kann man davon ausgehen, dass die neue Methode nun noch besser verinnerlicht wurde.

Nun werden die Begriffe Grundwert, Prozentwert und Prozentsatz anhand des mehrfach durchgesprochenen Beispiels eingeführt.
Sophies ganzes Geld nennt man **Grundwert.** Man schreibt: **G** = 50 €.

Jenen Teil, den sie ausgibt, nennt man **Prozentwert.** Man schreibt:
W = 20 €

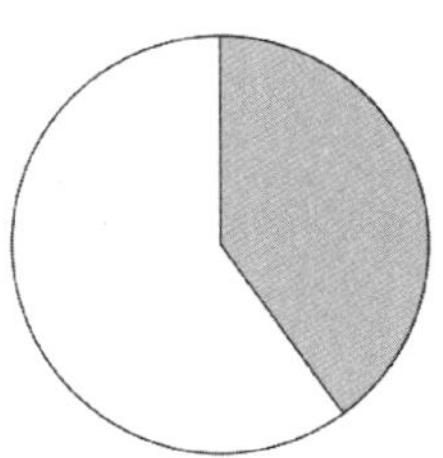

Diesen Teil in Prozenten ausgedrückt nennt man **Prozentsatz.** Man schreibt: **p** = 40 %.
Die Lernenden können das Kreisdiagramm mit Zahlangaben belegen.
Die drei neuen Bezeichnungen sind für die meisten Lernenden nichtssagend. Man kann ihre Akzeptanz aber erhöhen, indem man neben der Mathematikersprache auch eine Schülersprache anbietet:

Schülersprache	**Mathematikersprache**	**im obigen Beispiel**
Der ganze Kuchen.	Grundwert	G = 50 €
Mein Teil vom Kuchen.	Prozentwert	W = 20 €
Mein Teil in Prozenten.	Prozentsatz	p = 40 %

Vorteil: Man baut eine Brücke zwischen den zwei Denkarten.
Es ist noch zu klären, wie man mit diesen zwei Sprechweisen umgeht. Eine Möglichkeit hierfür:
Ansprache an die Klasse: Eine *eigene Schülersprache* ist *sinnvoll,* denn so könnt ihr viel besser verstehen, worum es geht. Sie ist aber je nach Person *unterschiedlich* und ist manchmal vielleicht unklar oder leicht *missverständlich.*
Die *Mathematikersprache* ist hingegen *einheitlich* und damit *für alle klar* und *eindeutig.*
Jeder *darf* in seiner eigenen *Schülersprache denken* – und ihr solltet dies auch tun. So kann euch das Rechnen leichter fallen. Bei einer Arbeit oder Prüfung müsst ihr aber am Ende alles in die einheitliche *Mathematikersprache* übersetzen und es so wiedergeben, dass alle genau verstehen, was ihr meint.
Um die neuen Begriffe zu festigen, folgt ein weiteres Beispiel.

Beispiel 2

Aufgabe 1
Von den 30 Schülerinnen und Schülern der Klasse 7a wohnen sechs am Schulort, die anderen 24 auswärts.
Wie viel Prozent der Schülerinnen und Schüler wohnen am Schulort?

Lösung
Man kann die Lösungen strukturiert aufbauen und auf die in Beispiel 1 eingeführten Begriffe zurückgreifen.

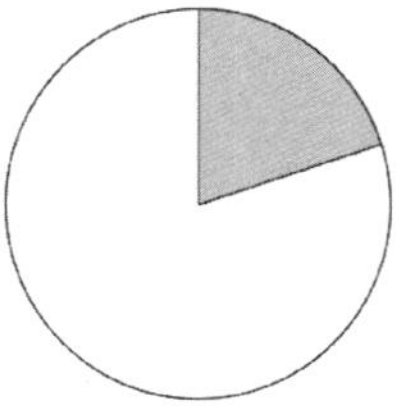

Gegeben: G = 30, W = 6
Gesucht: p = ?
100 % $\leftrightarrow$ 30
? $\leftrightarrow$ 6
$? = \frac{6 \cdot 100\,\%}{30} = 2 \cdot 10\,\% = \mathbf{20\,\%}$
Wie bei Beispiel 1 kann man aus den drei Zahlen 30, 6 und 20 % zwei weitere Aufgaben erstellen.
Vorteil: Diese Variation der Angaben ist der Klasse bekannt. Viele Lernende können die Aufgaben selbst formulieren.

Aufgabe 2
Von den 30 Schülerinnen und Schülern der Klasse 7a wohnen 20 % am Schulort, die anderen auswärts.
Wie viele Schülerinnen und Schüler wohnen am Schulort?

Lösung
Gegeben: G = 30, p = 20 %
Gesucht: W = ?
100 % $\leftrightarrow$ 30
20 % $\leftrightarrow$?
$? = \frac{20\,\% \cdot 30}{100\,\%} = \frac{600\,\%}{100\,\%} = \mathbf{6}$
Vorteil: Das zu erwartende Ergebnis ist eine Bestätigung.

Aufgabe 3
Von den Schülerinnen und Schülern der Klasse 7a wohnen sechs am Schulort. Das entspricht 20 % der Schülerinnen und Schülern.
Wie viele Schülerinnen und Schüler hat die Klasse 7a?
Gegeben: W = 6, p = 20 %
Gesucht: G = ?

Lösung
20 % $\leftrightarrow$ 6
100 % $\leftrightarrow$?
$? = \frac{100\,\% \cdot 6}{20\,\%} = 10 \cdot 3 = \mathbf{30}$
Vorteil: Das zu erwartende Ergebnis ist eine Bestätigung.
Zusammenfassung: Die Klasse lernt an zwei ausgewählten Beispielen die Begriffe Grundwert, Prozentwert und Prozentsatz kennen. Um diese Begriffe zu festigen, wird auch eine Schülersprache eingeführt. Um G, W und p zu ermitteln, lernen sie eine einheitliche Vorgehensweise und brauchen weder Formeln noch Nebenrechnungen.

4.2 Ein Ansatz, um Grundwert, Prozentwert, Prozentsatz zu ermitteln

Folgende zwei Schwierigkeiten tauchen häufig auf:

- Zusammenhänge finden,
- den Grundwert korrekt ermitteln

Bei bestimmten Aufgaben kann man durch einen passenden Ansatz Abhilfe schaffen.

Aufgabe 1

2022 zählt eine Partei 9800 Mitglieder. Das waren 2 % weniger als im Jahr davor. Wie viele Mitglieder hatte die Partei im Jahr 2021?

Lösung

Der angesprochene Ansatz besteht darin, alle Angaben mit Hilfe eines Pfeiles zu veranschaulichen. Die fett gedruckten Zahlen sind dabei Angaben aus der Aufgabe, die anderen hat man selbst ermittelt.

2021		**2022**
?	$\xrightarrow{\text{2 \% weniger}}$	**9 800**
100 %		98 % (100 % – 2 %)

Vorteil: Die Aufgabenstellung wird veranschaulicht.

98 % ↔ 9 800

100 % ↔ ?

$? = \frac{100\,\% \cdot 9\,800}{98\,\%} = 10\,000$

Die Partei hatte 2021 10 000 Mitglieder.

Aufgabe 2

Nach einem Preisaufschlag von 20 % verkauft ein Gebrauchtwagenhändler ein Auto für 10.200 €.

Ermittle den Einkaufspreis.

Lösung

Einkaufspreis		Verkaufspreis
?	$\xrightarrow{\text{20 \% mehr}}$	**10.200**
100 %		120 % (100 % + 20 %)

Vorteil: Die Aufgabenstellung wird veranschaulicht.

120 % ↔ 10.200 €

100 % ↔ ?

$? = \frac{100\,\% \cdot 10.200\,€}{120\,\%} = 8.500\,€$

Der Einkaufspreis betrug 8.500 €.

Die Lehrperson kann der Klasse einen Anhaltspunkt geben, wie man den Grundwert ermitteln kann. Eine Möglichkeit hierfür:

Merke: Der Grundwert von 100 % befindet sich in der Regel am Anfangspunkt des Pfeiles.

Das Fragezeichen kann sich auch am Ende des Pfeiles oder auf dem Pfeil befinden.

Aufgabe 3

Die Anzahl der Mitglieder eines Vereins ist vom Jahr 2021 bis zum Jahr 2022 um 12,5 % auf 99 angewachsen. Der Zuwachs vom Jahr 2020 bis zum Jahr 2021 betrug nur 10 %. Wie viele Mitglieder hatte der Verein im Jahr 2020, wie viele im Jahr 2021?

Lösung

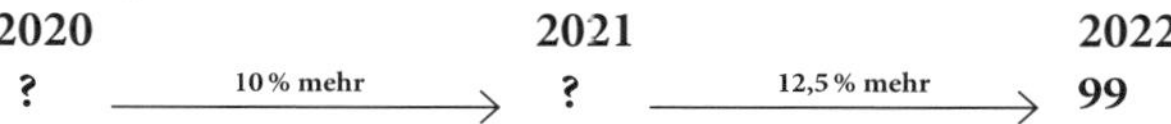

Um die beiden Fragezeichen zu berechnen, muss man die zwei Pfeile getrennt betrachten. Auf Nebenrechnungen verzichten wir hier.

2021 **2022**

? —12,5 % mehr→ **99**

100 % 112,5 % (100 % + 12,5 %)

Im Jahr 2021 hatte der Verein 88 Mitglieder.

2020 **2021**

? —10 % mehr→ **88**

100 % 110 % (100 % + 10 %)

Für das Jahr 2020 bekommt man 80 Mitglieder.

Vorteil: Die Klasse sieht, dass bei mehrstufigen Aufgaben 100 % in verschiedenen Schritten an unterschiedlichen Stellen stehen kann.

Zusammengefasst: Die Lernenden bekommen einen Überblick über alle Angaben sowie über das unbekannte Fragezeichen. Dies erleichtert es ihnen Zusammenhänge zu finden, den Grundwert zu ermitteln und ein passendes Schema aufzustellen.

Beachte: Dieser Ansatz ist nicht für alle Aufgaben geeignet. Man kann ihn in der Regel dann anwenden, wenn es sich um eine *zeitliche Entwicklung* handelt.

Zinseszinsen

Vorbemerkung: Bei vielen bekannten Beispielen aus dem Alltag spielen Zinseszinsen eine wichtige Rolle. Mithilfe der Zinsrechnung können Zinseszinsen schnell und gut verständlich eingeführt werden. Durch vielfältige und abwechslungsreiche Anwendungen aus dem Alltag wird der neue Begriff gefestigt und vertieft. Die Zinseszinsformel wird eingeführt. Es folgen weitere Anwendungen aus dem Alltag. Der leicht gestiegene Schwierigkeitsgrad wird durch den starken Alltagsbezug kompensiert.

5.1 Einführung

Aufgabe 1

Frau Meyer zahlt am 01.01.2023 20.000 € auf ihr Sparkonto ein. Der Zinssatz beträgt 5 %. Da sie die Zinsen nicht abhebt, werden sie jeweils am Jahresende auf dem Konto gutgeschrieben.
Wie viel Geld hat Frau Meyer am 31.12.2025 auf ihrem Sparkonto?

Lösung

1. Schritt: Man berechnet die Zinsen für das Jahr 2023:

$100\,\% \leftrightarrow 20.000\,€$

$5\,\% \leftrightarrow\ ?$

$? = \frac{5\,\% \cdot 20.000\,€}{100\,\%} = 1.000\,€$

Am Ende des Jahres 2023 beträgt ihr Guthaben
20.000 € + 1.000 € = 21.000 €.

2. Schritt: Man berechnet die Zinsen für das Jahr 2024. Verzinst werden jetzt nicht die 20.000 €, sondern das Guthaben, was am Anfang des 2. Jahres auf ihrem Konto ist, nämlich 21.000 €:

$100\,\% \leftrightarrow 21.000\,€$

$5\,\% \leftrightarrow\ ?$

$? = \frac{5\,\% \cdot 21.000\,€}{100\,\%} = 1.050\,€$

Am Ende des Jahres 2024 beträgt ihr Guthaben
21.000 € + 1.050 € = 22.050 €.

3. Schritt: Man berechnet die Zinsen für das Jahr 2025:

$100\,\% \leftrightarrow 22.050\,€$

$5\,\% \leftrightarrow\ ?$

$? = \frac{5\,\% \cdot 22.050\,€}{100\,\%} = 1.102{,}5\,€$

Am Ende des Jahres 2025 beträgt ihr Guthaben
22.050 € + 1.102,5 € = 23.152,5 €.

Die Lehrperson fasst die wichtigsten Ergebnisse in einer Tabelle zusammen:

Jahr	Guthaben am Anfang des Jahres	Zinssatz	In diesem Jahr erzielte Zinsen	Guthaben am Ende des Jahres
2023	20.000 €	5 %	*1.000 €*	21.000 €
2024	21.000 €	5 %	*1.050 €*	22.050 €
2025	22.050 €	5 %	*1.102,50 €*	23.152,5 €

Vorteil: Die Tabelle ermöglicht einen Überblick über die wichtigsten Teilergebnisse und ebnet den Weg zu einem Tabellenkalkulationsprogramm.
Die Lehrperson fragt nun: Warum sind die Zinsen Jahr für Jahr höher?
Antwort: Weil das zu verzinsende Guthaben Jahr für Jahr wächst.
Um den Zinseszinseffekt richtig zu verstehen, reicht eine solche Tabelle aber nicht aus. Die Zinseszinsen wurden in Nebenrechnungen versteckt, die an dieser Stelle nicht vorkommen. Um die „Anatomie der Zinseszinsen" zu verstehen, brauchen die Lernenden eine andere Herangehensweise.
Eine Möglichkeit hierfür:
Die Lehrperson visualisiert:

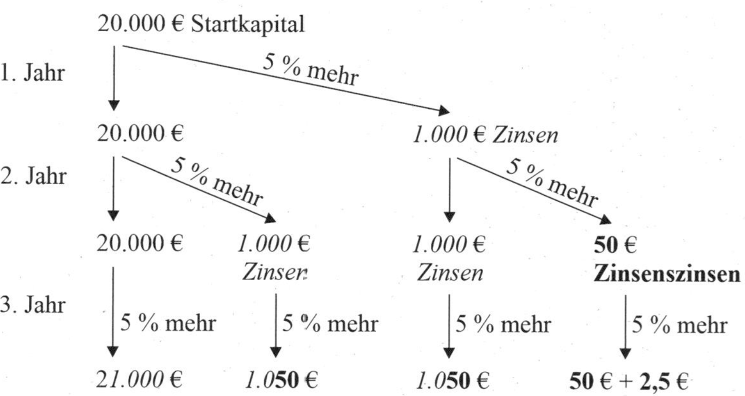

Die Zinsen wurden kursiv, die **Zinseszinsen fett** dargestellt.
Vorteil: Durch die hervorgehobenen Zahlen können die Lernenden Schritt für Schritt nachvollziehen, wie Zinseszinsen entstehen.
Merke: Zinsen können ebenfalls verzinst werden. Unter **Zinseszinsen** versteht man die Zinsen der Zinsen.

Die Lehrperson kehrt nun zur Tabelle zurück und markiert die Zinseszinsen:

Jahr	Guthaben am Anfang des Jahres	Zinssatz	In diesem Jahr erzielte Zinsen	Guthaben am Ende des Jahres
2023	20.000 €	5 %	*1.000 €*	21.000 €
2024	21.000 €	5 %	*1.**050** €*	22.050 €
2025	22.050 €	5 %	*1.**102,50** €*	23.152,5 €

Für die Zinseszinsen im 3. Jahr gilt: 50 € + 50 € + 2,50 € = **102,50 €**
Vorteil: Die bekannten Zahlen aus der Tabelle erscheinen in einem neuen Licht.

5.2 Anwendungen

Aufgabe 2

Claudia hat 800 € für zwei Jahre zu einem Zinssatz von 4 % auf einem Sparkonto angelegt.

a) Wie viel beträgt ihr Kontostand am Ende des 2. Jahres?
b) Wie viele Zinsen erhält sie insgesamt mit Zinseszinsen?
c) Wie viele Zinseszinsen bekommt sie im 2. Jahr?

Lösung (ohne einige Nebenrechnungen)

Jahr	Guthaben am Anfang des Jahres	Zinssatz	In diesem Jahr erzielte Zinsen	Guthaben am Ende des Jahres
1	800 €	4 %	32 €	832 €
2	832 €	4 %	33,28 €	865,28 €

a) Ihr Kontostand beträgt am Ende des 2. Jahres 865,28 €.
b) Claudia erhält insgesamt 32 € + 33,28 € = 65,28 € Zinsen.
Alternativansatz: 865,28 € – 800 € = 65,28 € Zinsen.
c) Die 32 € Zinsen aus dem 1. Jahr werden mit 4 % verzinst. 4 % von 32 € sind 1,28 €. Also bekommt sie im 2. Jahr 1,28 € Zinseszinsen.
Alternativansatz: 33,28 € – 32 € = 1,28 € Zinseszinsen.

Aufgabe 3

Ein Familienbetrieb hat ein Eigenkapital von 100.000 € für drei Jahre zu einem Zinssatz von 6 % angelegt.

a) Wie viel Geld haben sie nach Ablauf von drei Jahren?
b) Wie viele Zinsen erhalten sie mit Zinseszinsen insgesamt?
c) Wie viel betragen die Zinseszinsen insgesamt?

Lösung (ohne einige Nebenrechnungen)

Jahr	Guthaben am Anfang des Jahres	Zinssatz	In diesem Jahr erzielte Zinsen	Guthaben am Ende des Jahres
1	100.000 €	6 %	6.000 €	106.000 €
2	106.000 €	6 %	6.360 €	112.360 €
3	112.360 €	6 %	6.741,60 €	119.101,60 €

a) Am Ende des 3. Jahres haben sie 119.101,60 €.
b) Insgesamt erhalten sie 19.101,60 € (6.000 € + 6.360 € + 6.741,60 €) Zinsen (alternativ 119.101,60 € – 100.000 €).
c) Insgesamt betragen die Zinseszinsen
360 € + 360 € + 360 € + 21,6 € = 1.101,6 € (siehe Abbildung).

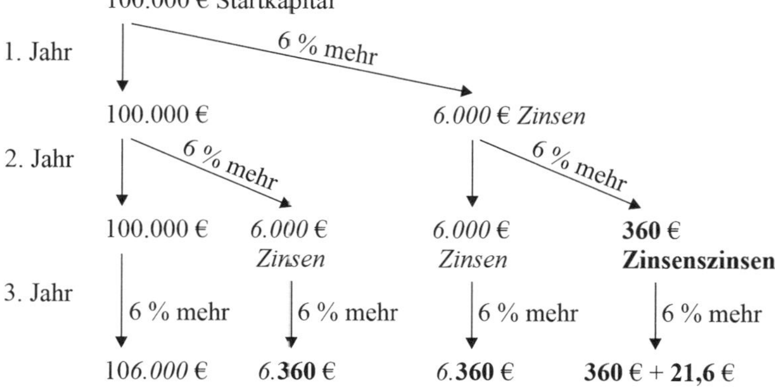

5.3 Die Zinseszinsformel

Die Lehrperson fragt: Wie kann man die Entwicklung des Kontostandes verfolgen, wenn die Laufzeit 20, 30, oder 40 Jahre beträgt?
Da man nicht 30-mal den Dreisatz nacheinander anwenden möchte, ergibt sich daraus die Notwendigkeit einer anderen, schnelleren Methode.

Die Lehrperson zeigt die Formel zuerst an zwei bereits bekannten Aufgaben:
Bei Aufgabe 1 kann man den Kontostand nach 3 Jahren so ermitteln:
$20.000 \cdot \left(1 + \frac{5}{100}\right)^3$
Mit dem Taschenrechner erhält man:
$20.000 \cdot \left(1 + \frac{5}{100}\right)^3 = 23.152{,}5\,€$
Vorteil: Das bekannte Ergebnis wurde bestätigt.

Bei Aufgabe 2 kann man den Kontostand nach 2 Jahren so ermitteln:
$800 \cdot \left(1 + \frac{4}{100}\right)^2$
Mit dem Taschenrechner erhält man:
$800 \cdot \left(1 + \frac{4}{100}\right)^2 = 865{,}28\,€$
Vorteil: Das bekannte Ergebnis wurde bestätigt.

Erst jetzt führt die Lehrperson die Zinseszinsformel allgemein ein.
$K_n = K_0 \cdot \left(1 + \frac{p}{100}\right)^n$, wobei gilt:
- K_0 ist das Startkapital (auch Anfangskapital genannt) zum Zeitpunkt 0,
- p ist ein (fester) Zinssatz,
- n ist die Anzahl der Jahre und
- K_n zeigt den Kontostand nach Ablauf von n Jahren.

Die Lehrperson kehrt zur Aufgabe 1 zurück und deutet die Bezeichnungen und die Zusammenhänge. Anschließend fordert sie die Lernenden auf, dies bei Aufgabe 2 allein zu tun.
Anschließend wird noch Aufgabe 3 mit der Formel gelöst und festgestellt, dass die Formel schnell und zuverlässig zum bereits bekannten Ergebnis führt.
Vorteil: Die Bestätigungen erhöhen die Akzeptanz der Zinseszinsformel.

Aufgabe 4
10.000 € werden für 40 Jahre angelegt. Ermittle den jeweiligen Kontostand nach Ablauf von 40 Jahren bei einem festen Zinssatz von
a) 2 % **b)** 3 % **b)** 6 % **c)** 10 %
Runde sinnvoll.

Lösung
a) $K_{40} = 10.000 \cdot \left(1 + \frac{2}{100}\right)^{40} \approx 22.080\,€$
b) $K_{40} = 10.000 \cdot \left(1 + \frac{3}{100}\right)^{40} \approx 32.620\,€$
c) $K_{40} = 10.000 \cdot \left(1 + \frac{6}{100}\right)^{40} \approx 103.000\,€$
d) $K_{40} = 10.000 \cdot \left(1 + \frac{10}{100}\right)^{40} \approx 453.000\,€$

Die Lehrperson bittet die Lernenden, die Ergebnisse zu vergleichen.
Anschließend wird festgehalten:

Merke: Bei langfristigen Geldanlagen spielt der Zinssatz eine sehr große Rolle.
Ein Vergleich von a) und b) zeigt, wie viel 1 % Unterschied bei 40 Jahren ausmacht.
Zinssätze haben zum Teil große Schwankungen. Die Lehrperson kann die Periode um die deutsche Wiedervereinigung ansprechen und für alle vier Punkte Beispiele aus der damaligen Zeit bringen. Einige Möglichkeiten hierfür:
Beispiel für a) und b): Sparbuch
Beispiel für c): Bundesschatzbriefe
Beispiel für d): Aktien, Börse
Die Lehrperson betont, dass bis auf Aktien alle anderen Geldanlagen ohne Risiken sind, aber je nach Zinssatz zeigen die Kontostände nach 40 Jahren gewaltige Unterschiede.

Aufgabe 5
Rebeccas Guthaben ist in zehn Jahren bei einem festen Zinssatz von 6 % auf 1.790,85 € angewachsen. Wie viel Euro hat sie zu Beginn eingezahlt? Runde sinnvoll.

Lösung
Formel für K_{10} = angegebenes Kapital K_{10}
Vorteil: Dieser Ansatz ermöglicht es den Schülerinnen und Schülern, eine passende und korrekte Gleichung aufzustellen.
Merke: Auf der linken Seite steht stets die Formel, auf der rechten Seite steht die Angabe.
$K_0 \cdot \left(1 + \frac{6}{100}\right)^{10} = 1\,790{,}85$
$K_0 \cdot 1{,}06^{10} = 1\,790{,}85 \qquad |: 1{,}06^{10}$
$K_0 \approx$ **1.000 €**
Zu Beginn hat Rebecca 1.000 € eingezahlt.
In den folgenden Anwendungen wendet man die Zinseszinsformel an, obwohl statt klassischer Zinssätze andere Prozentsätze stehen. Diese können unter Umständen sogar negativ sein.

5.4 Anwendungen über Geldanlagen hinaus

Aufgabe 6

Ein Brot kostet aktuell 3 €. Wie viel wird das Brot in

a) in 12 Jahren **b)** in 50 Jahren

kosten, wenn man von einer jährlichen Preissteigerung von 2 % ausgeht?

Lösung

Die Lehrperson bespricht mit der Klasse: Es handelt sich zwar nicht um eine klassische Geldanlage, trotzdem kann das Phänomen mit der Zinseszinsformel erfasst werden. Dem Anfangskapital entsprechen die 3 €, der Laufzeit entsprechen die 12 bzw. 50 Jahre. Mit der bekannten Formel erhält man:

a) $3 \cdot \left(1 + \frac{2}{100}\right)^{12} \approx \mathbf{3{,}80\,€}$ **b)** $3 \cdot \left(1 + \frac{2}{100}\right)^{50} \approx \mathbf{8{,}07\,€}$

Die Lehrperson thematisiert mit der Klasse, was die Teuerungsrate mittelfristig und langfristig bewirkt.

Aufgabe 7

Marius hat 100 €. Seine Lieblingsschokolade kostet 1 €. Er könnte also genau 100 Tafeln der Schokolade kaufen. Angenommen, die Teuerungsrate bliebe neun Jahre lang bei 2,5 %. Wie viele Tafeln Schokolade könnte sich Marius nach neun Jahren für 100 € kaufen?

Die Lehrperson kann das Phänomen mit der ganzen Klasse thematisieren. Es kann erläutert werden, dass durch Preiserhöhungen Geld an Kaufkraft verliert. Es wird erwähnt, dass man statt Teuerungsrate auch Inflationsrate sagen kann. Auf die Notwendigkeit von Gehaltserhöhungen und Gehaltsanpassungen wird ebenso verwiesen.

Lösung

Es handelt sich zwar nicht um eine klassische Geldanlage, trotzdem kann das Phänomen mit der Zinseszinsformel erfasst werden. Dem Anfangskapital entspricht der heutige Preis von 1 €, der Laufzeit entsprechen die neun Jahre. Mit der bereits bekannten Formel erhält man:

$1 \cdot \left(1 + \frac{2{,}5}{100}\right)^{9} \approx 1{,}25$

In neun Jahren würde also eine Tafel Schokolade etwa 1,25 € kosten. Für 100 € könnte Marius nur noch 100 : 1,25 = 80 Tafeln Schokolade kaufen.

Deutung: Marius bekäme für denselben Geldbetrag statt 100 nur noch 80 Tafeln Schokolade, also 20 Tafeln weniger als heute. Das Geld hätte in diesen neun Jahren 20 % seines Wertes verloren.

Vorteil: Die Aufgabe stammt aus der Lebenswelt der Lernenden.

Winkelsummen

Vorbemerkung: Die Formeln werden von den Lernenden selbstständig entdeckt. In diese Phase investiert die Lehrperson gezielt viel Zeit. Eine mögliche Durchführung wird ausführlich dargestellt. Die Anwendungen beschränken sich in diesem Beitrag auf einige relevante Aufgaben.

6.1 Winkelsumme im Dreieck

Die Lehrperson bittet die Lernenden, je ein beliebiges Dreieck ABC zu zeichnen.

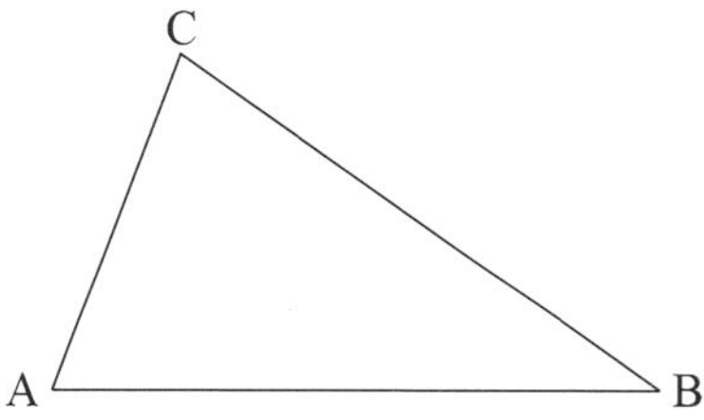

Anschließend sollen die drei Winkel des Dreiecks mit dem Geodreieck gemessen werden, die Winkelgrößen aufgeschrieben, diese addiert und das Ergebnis auf eine ganze Zahl gerundet werden.
Die Lehrperson bittet nun einige Lernende darum, ihre gefundene Winkelsumme der Klasse mitzuteilen. Es ist davon auszugehen, dass viele Schülerinnen und Schüler den Wert 180° nennen.
Vorteil: Die Klasse hat die Winkelsumme in einem Dreieck empirisch ermittelt.
Die Lehrperson thematisiert nun folgende Aspekte:
Es kann kein Zufall sein, dass die Winkelsumme in unterschiedlichen Dreiecken immer 180° war.
Abmessen ist jedoch ungenau und deswegen kann man noch keine verlässliche Aussage treffen.
Obwohl die Klasse für mehrere Dreiecke die Winkelsumme untersucht hat, blieben sehr viele Dreiecke übrig, mit denen man sich nicht befasst hat.
Der Lehrperson ist klar, dass für viele Schülerinnen und Schüler die empirische Untersuchung ausreicht und sie keine Notwendigkeit eines mathematischen Beweises sehen. Man geht daher mit dem Phänomen behutsam um. Ohne die Wichtigkeit der empirischen Entdeckung schmälern zu wollen, steuert man auf den klassischen mathematischen Beweis zu.
Satz: In jedem Dreieck beträgt die Winkelsumme 180°.
Mathematischer Beweis:
Die Lehrperson bittet die Klasse, zunächst nicht mitzuschreiben, sondern nur aufzupassen.

Die Lehrperson zeichnet jeweils die Parallele g durch den Punkt C zur Seite AB.

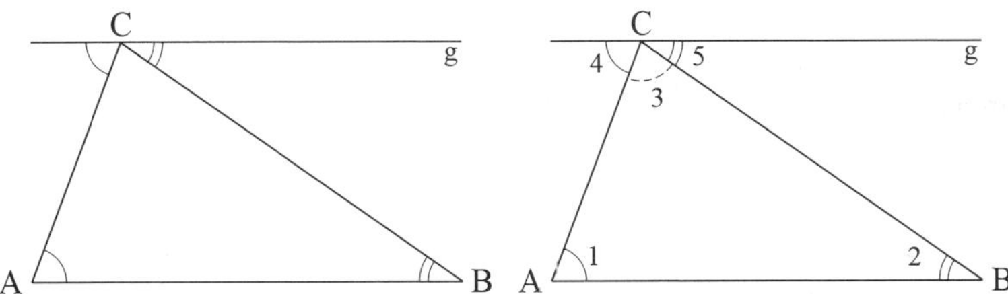

Die Lehrperson arbeitet mit den Bezeichnungen ∢1, ∢2, ∢3, ∢4 und ∢5.
Vorteil: Mit diesen Bezeichnungen ist die Beweisführung für viele Schülerinnen und Schüler besser nachvollziehbar.
Durch die Hilfslinie g entstehen Wechselwinkel:
∢1 = ∢4 und ∢2 = ∢5.
Die Lehrperson kann die Winkel ∢1 und ∢4 mit einer Farbe, ∢2 und ∢5 mit einer anderen Farbe markieren.
Die Winkelsumme im Dreieck ABC ist:
∢1 + ∢2 + ∢3
Mit den Wechselwinkeln folgt:
∢1 + ∢2 + ∢3 = ∢4 + ∢5 + ∢3 (*)
Die Lehrperson zeigt auf die Winkel ∢4, ∢5 und ∢3 und stellt die Frage: Was für einen Winkel bilden diese drei Winkel zusammen?
Antwort: Einen sogenannten getreckten Winkel, dessen Größe 180° beträgt, also
∢4 + ∢5 + ∢3 = 180°.
Aus (*) folgt:
∢1 + ∢2 + ∢3 = 180°
Damit hat man bewiesen, dass die Winkelsumme in jedem Dreieck 180° beträgt.
Erst jetzt wird der Beweis abgeschrieben.
Der Beweis ist zwar gut nachvollziehbar, aber das Einzeichnen der Hilfsparallelen erleben viele Lernende als einen willkürlichen Schritt. Nicht wenige denken, dass sie darauf vermutlich nie gekommen wären. Diesen Aspekt spricht die Lehrperson nur kurz an. Eine Möglichkeit hierfür: Die Hilfsgerade ist sinnvoll, weil man durch sie die drei Winkel als Teile eines gestreckten Winkels darstellen kann. Das Einzeichnen der Hilfsgeraden ist jedoch nicht selbstverständlich. Dies zu entdecken ist nicht leicht. Es ist daher nicht schlimm, wenn man nicht darauf kommt. Es ist ein Trick, den man sich aber merken sollte.

Vorteil: Viele Lernende sind erleichtert, da sie diesen Schritt nun richtig einordnen können.

Die Lehrperson macht an dieser Stelle eine kurze mündliche Zusammenfassung:
Durch das Abmessen haben wir eine Regel durch Probieren entdeckt. Wir vermuteten, dass die Winkelsumme in jedem Dreieck 180° sei. Nach dem mathematischen Beweis haben wir nun Gewissheit. Jetzt wissen wir, dass unsere Vermutung richtig ist. Die entdeckte Regel gilt in jedem Dreieck.
Vorteil: Die Klasse hat den Prozess Entdecken-Vermuten-Beweisen erlebt.
Es ist davon auszugehen, dass diese Argumentation nicht alle Lernenden überzeugt. Die Lehrperson kann daher optional auch ein Beispiel anführen. Eine Möglichkeit ist hierfür:
Stellt euch vor, die drei Eckpunkte eines Dreiecks liegen in einer Wüste. Sie sind weit weg, es ist sehr heiß und der Wüstensand kann nicht betreten werden. Aber niemand braucht hinzugehen, um die Winkelsumme in diesem Dreieck durch Abmessen zu prüfen, denn man weiß, dass auch in diesem Dreieck die Winkelsumme 180° sein muss.

Aufgabe 1
Ermittle die Winkelgrößen in einem gleichseitigen Dreieck.

Lösung
In einem gleichseitigen Dreieck sind alle drei Winkel gleich groß.
Die Winkelsumme beträgt 180°.
Daher hat jeder Winkel eine Winkelgröße von
180° : 3 = 60°

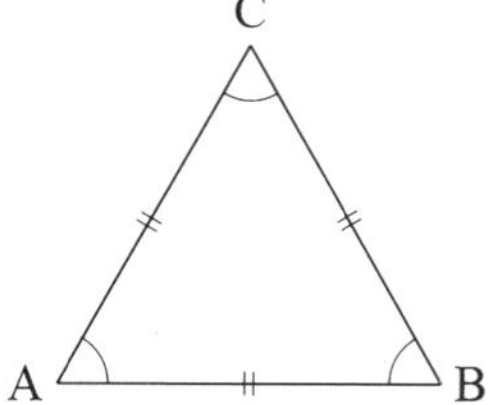

6.2 Weitere Winkelsummen

Die Entdeckung der Formel ist eine gute Gelegenheit, induktives Denken zu üben und zu fördern.

Aufgabe 2
Ermittle die Winkelsumme in einem Viereck.

Lösung
Man zeichnet ein Viereck.
Die Lehrperson stellt die Frage: Wie kann man erreichen, dass in der Figur Dreiecke entstehen?

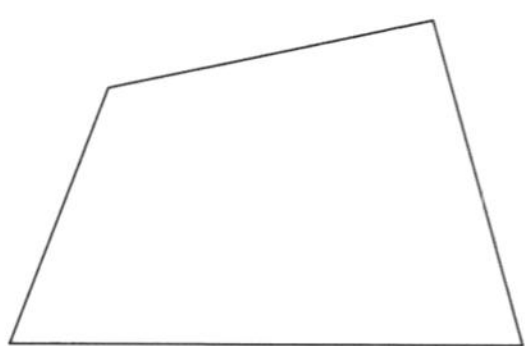

Antwort: Man zerlegt das Viereck in zwei Dreiecke. Die Winkelsumme beträgt 180° + 180° = 360°.
Vorteil: Die Klasse hat die Winkelsumme im Viereck auf die Winkelsumme im Dreieck zurückgeführt.

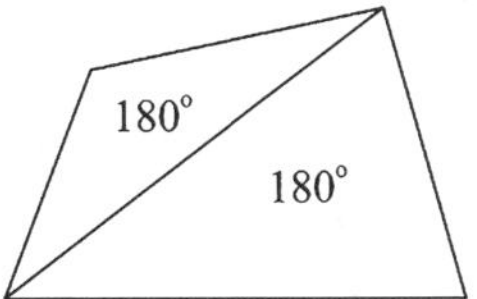

Aufgabe 3
Ermittle die Winkelsumme in einem Fünfeck.

Lösung
Man zeichnet ein Fünfeck und zerlegt es mit einer Diagonalen in ein Viereck und ein Dreieck.
Die Winkelsumme beträgt 180° + 360° = 540°.
Vorteil: Die Klasse übt das **induktive Denken.**

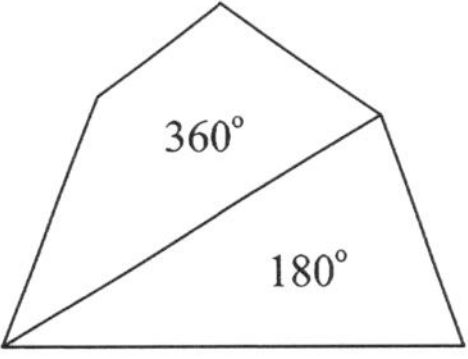

Aufgabe 4
Was ist wohl die Winkelsumme in einem 102-Eck?
Vorteil: Da man nicht wirklich ein 102-Eck zeichnen kann, erkennen die Lernenden die Notwendigkeit einer Regel bzw. einer allgemeinen Formel.

Lösung
Zunächst fasst man die bisher bekannten Winkelsummen zusammen:

Eckpunkte	Winkelsumme
3	180°
4	360°
5	540°

Bei der Herleitung der letzten zwei Winkelsummen spielte immer der Rückbezug auf 180° eine Rolle. Dies schreibt man nun aus:

Eckpunkte	Winkelsumme
3	180°
4	*2* · 180°
5	*3* · 180°

Die Lehrperson kann die Zahlen **4, 5** sowie *2* und *3* natürlich auch mit Farben markieren. Ausnahme ist die erste Zeile, da man hier die unsichtbare Zahl 1 markieren müsste.

Die Lehrperson fordert die Lernenden auf, eine Regel zu formulieren. Anschließend kann man die Tabelle ergänzen.

Eckpunkte	Winkelsumme	anders geschrieben
3	180°	(3 – 2) · 180°
4	2 · 180°	(**4** – 2) · 180°
5	3 · 180°	(**5** – 2) · 180°

Nach dieser Regel gilt:
Die Winkelsumme in einem 102-Eck ist
$(102 - 2) \cdot 180° = 100 \cdot 180° = 18\,000°$.
Nun formuliert die Lehrperson die Regel allgemein.
Formel: Die Winkelsumme in einem n-Eck ist $(n - 2) \cdot 180°$.
Die Lehrperson verweist darauf, dass man die allgemeine Formel zwar entdeckt, aber noch nicht bewiesen hat.

Beweis der Formel
Zunächst zeigt die Lehrperson einen Beweis für $n = 6$, also für ein Sechseck. Die Beweisführung hat einen anderen Ansatz als die bisherigen Berechnungen von Winkelsummen.

Sonderfall Sechseck
Man verbindet einen Punkt aus dem Inneren des Sechsecks mit den Eckpunkten. Es entstehen sechs Dreiecke, deren Winkelsumme insgesamt

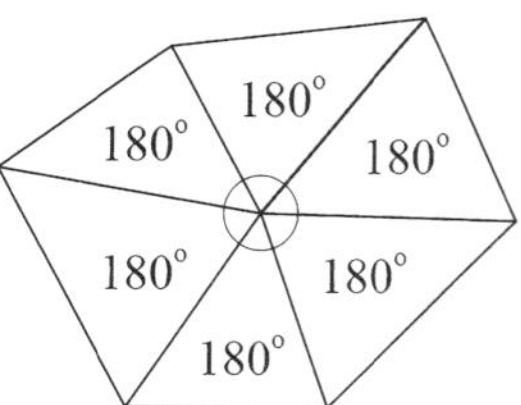

$6 \cdot 180°$
beträgt. Man kann erkennen, dass die sechs Winkel um den Mittelpunkt herum nicht zu den Innenwinkeln des Sechsecks gehören. Daher muss man 360° am Ende abziehen:
$6 \cdot 180° - 360°$
Wenn man 180° ausklammert, erhält man:
$(6 - 2) \cdot 180°$
Damit wurde die Formel für $n = 6$ bewiesen.
Vorteil: Dieser Sonderfall legt den Grundstein für den allgemeinen Beweis.

Beliebiges n-Eck

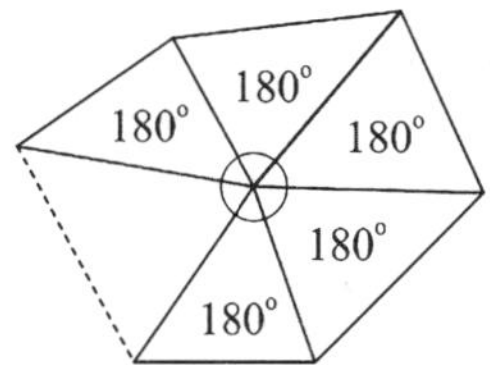

Die gestrichelte Linie deutet an, dass es dort weitere Ecken und Seiten gibt. Man verbindet einen Punkt aus dem Inneren des n-Ecks mit allen Eckpunkten. Es entstehen n Dreiecke.
Man erhält:
$n \cdot 180°$
Davon müssen nun noch die 360° des Mittelpunktes abgezogen werden:
$n \cdot 180° - 360°$
Wenn man 180° ausklammert, erhält man:
$(n - 2) \cdot 180°$
Damit ist die allgemeine Formel bewiesen.
Vorteil: Die Klasse hat den Prozess Entdecken-Vermuten-Beweisen erneut erlebt.

Die Lehrperson kann nun den Unterricht durch einen Dialog auflockern.

Charly: *Wenn ich in die Formel n = 2 einsetze, dann erhalte ich:*
(2 – 2) · 180° = 0 · 180° = 0°
Komisch…
Lehrerin: *Ja, weil es kein 2-Eck gibt.*
Charly! *Doch! Schauen Sie mal:*
Lehrerin: *Das ist eine Strecke, ohne Winkel.*
Charly: *Einspruch! Da ist der Winkel:*
Lehrerin: *Ja, aber …*

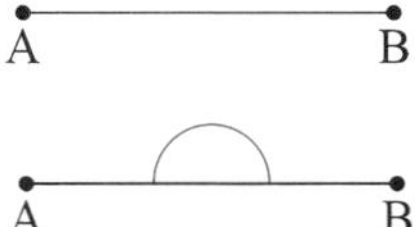

Charly: *Ich bin noch nicht fertig! Beim Beweis der Winkelsumme im Dreieck haben Sie selbst einen gestreckten Winkel gehabt! Die Idee habe ich also von Ihnen übernommen.*
Lehrerin: *Es gibt zwei Punkte, die man sogar verbinden kann – aber es gibt kein Zweieck. Die Innenwinkel eines Vielecks sind Winkel mit zwei Schenkeln. Das ist hier nicht der Fall.*
Charly: *Und was stimmt nun bei meinen Überlegungen nicht?*
Lehrerin: *Deine Überlegung mit dem gestreckten Winkel ist zwar in sich richtig, hat aber mit der Formel nichts zu tun.*
Charly: *War also alles umsonst?!*
Lehrerin: *Im Gegenteil! Du hast originell entdeckt, dass die kleinste Anzahl von Eckpunkten eines n-Ecks 3 ist. Es muss also mindestens ein Dreieck sein!*

Vorteil: Die Klasse erfährt den Gültigkeitsbereich der Formel in erfrischender Weise.
Beachte: Bei der Formel für die Winkelsumme $(n - 2) \cdot 180°$ gilt $n \geq 3$.

Aufgabe 5
Die Winkelsumme beträgt in einem Vieleck 3 600°. Ermittle die Anzahl der Eckpunkte.

Lösung
Die Winkelsumme ist laut Formel $(n-2) \cdot 180°$. Mit der Angabe 3 600° ergibt sich:
$(n-2) \cdot 180° = 3\,600°$ $\quad |: 180°$
$n-2 = 20$
$n = 22$
Das Vieleck hat also 22 Eckpunkte.

Aufgabe 6
Untersuche, ob es ein Vieleck mit der Winkelsumme 1 530° gibt.

Lösung
Die Winkelsumme ist laut Formel $(n-2) \cdot 180°$. Mit der Angabe 1 530° ergibt sich:
$(n-2) \cdot 180° = 1\,530°$ $\quad |: 180°$
$n-2 = 8{,}5$
$n = 10{,}5$
Dies geht nicht, da die Anzahl der Eckpunkte immer eine ganze Zahl sein muss. Es gibt daher kein Vieleck mit der Winkelsumme 1 530°.

Umkreis

7

Vorbemerkung: Der Umkreis wird an einem Beispiel aus dem Alltag eingeführt. Anschließend wird der Umkreismittelpunkt als Schnittpunkt der Mittelsenkrechten definiert. Die Lernenden entdecken, dass der Thaleskreis ein Sonderfall eines Umkreises darstellt.

7.1 Ein Beispiel aus dem Alltag

Auf dem Land liegen drei Ortschaften A, B und C.
Sie möchten ein gemeinsames Krankenhaus bauen.
Wo sollte es liegen?

+C

A+ +B

Die Lehrperson bittet die Klasse, die Frage zu beantworten.
Falls eine Antwort wie „Irgendwo in der Mitte" kommt, fragt die Lehrperson nach, was dies genauer bedeutet. Im Gespräch stellt man fest: Der gesuchte Punkt soll gleich weit von den drei Ortschaften entfernt liegen.
Die Lehrperson erklärt: Die Ortschaften liegen im selben Umkreis des Krankenhauses.

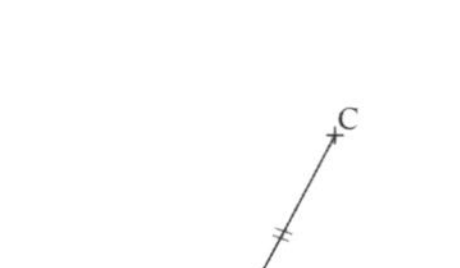

Vorteil: Das im Deutschen bekannte Wort *Umkreis* wird verwendet, ohne den mathematischen Umkreis zu meinen.
Die Lehrperson fragt: Welchen Kreis könnte man zeichnen?
Die Lehrperson zeichnet den Kreis (untere Abb.)
Man verbindet nun die Punkte A, B, und C miteinander.
Vorteil: Der Umkreis wird an einem Beispiel aus dem Alltag eingeführt.
Man kann jetzt den Umkreis definieren.
Definition: Der Kreis, der durch alle drei Eckpunkte des Dreiecks ABC geht, heißt **Umkreis** des Dreiecks ABC.
Den **Umkreismittelpunkt** bezeichnet man mit U.

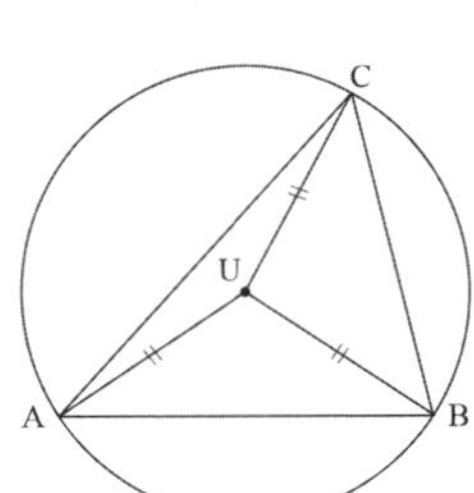

7.2 Konstruktion des Umkreises

Die Lehrperson zeichnet ein Dreieck ABC und fragt: Wie könnte man den Umkreis dieses Dreiecks konstruieren?

Der Lehrperson ist bewusst, dass diese Frage für die Lernenden keine einfache ist. Denn im Beispiel aus dem Alltag entstand der Umkreis als Ergebnis eines mehrstufigen Prozesses. Außerdem hat man zwar die Eigenschaft des Punktes M benannt, ohne jedoch zu verraten, wie man diesen Punkt ermitteln kann.

Die Abbildung mit dem Umkreis wird nun erneut betrachtet.

Vorteil: Die Lernenden üben eine Geometrieaufgabe zunächst „vom Ende heraus“ zu betrachten und zu lösen.

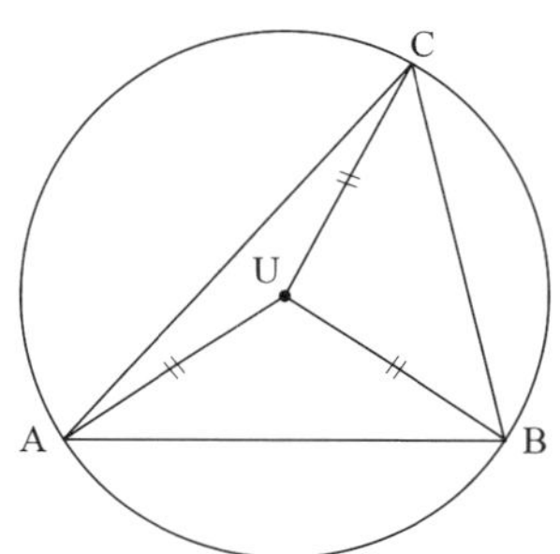

Die Lehrperson wendet nun folgenden **heuristischen Ansatz** an:

Wenn du nicht die ganze Aufgabe lösen kannst, versuche einen Teil davon zu lösen!

Sie sagt: „Es ist $\overline{UA} = \overline{UB}$, also U ist von den Endpunkten der Strecke AB gleich weit entfernt.“ Die Lehrperson fragt nun:

Wo liegen alle Punkte, die von den Punkten A und B gleich entfernt sind?

Antwort: Auf der Mittelsenkrechten der Strecke AB.

Durch **Analogie** folgt: Wegen $\overline{UB} = \overline{UC}$ liegt U auf der Mittelsenkrechten der Strecke BC.

Da U auf beiden Mittelsenkrechten liegt, ist U der Schnittpunkt dieser.

Nun wird U mit A, B und C verbunden.

Man wählt $\overline{UA}$ als Umkreisradius und konstruiert damit den Umkreis.

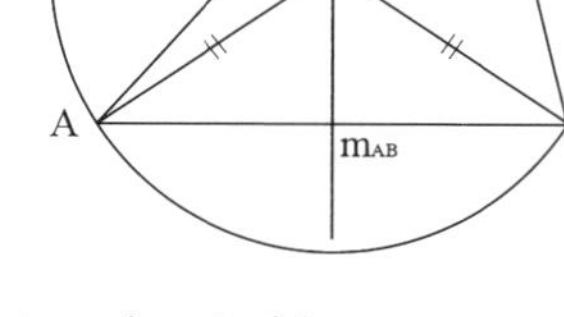

Die Lehrperson diktiert folgenden Merksatz:

Merke: Der Umkreismittelpunkt ist der Schnittpunkt der Mittelsenkrechten.

Die Lehrperson gibt anschließend folgenden Arbeitsauftrag:

Zeichnet je ein Dreieck ABC und konstruiert seinen Umkreis!

Vorteil: Die Lernenden wiederholen und festigen das Verfahren. Eventuelle Unklarheiten werden dabei geklärt.

7.3 Satz über die Mittelsenkrechten eines Dreiecks

Nach dem Arbeitsauftrag lockert die Lehrperson die Stimmung auf. Sie fragt: Wisst ihr, was ein Schüler namens Charly sagte? Folgendes:
Es gibt ja drei Mittelsenkrechten. Vielleicht haben sie einen gemeinsamen Schnittpunkt (linke Abbildung) vielleicht aber auch nicht. Und was, wenn dies nicht der Fall ist (rechte Abbildung)? Gibt es dann gleich drei Umkreismittelpunkte? Und somit drei Umkreise? Oder vielleicht gar keinen? Wie ist es nun?

Vorteil: Charly hat die Neugierde der Lernenden geweckt. Es kommt Spannung auf. Der folgende Satz und Beweis werden von vielen mit Interesse verfolgt, denn die Lernenden möchten erfahren, was nun richtig ist. Die Lehrperson kündigt an, dass sie Klarheit darüber bekommen werden.
Satz: Die drei Mittelsenkrechten eines Dreiecks haben einen gemeinsamen Punkt.
Beweis: Man betrachtet zunächst nur die Mittelsenkrechten m_{AB} und m_{BC}. Sie schneiden sich in einem Punkt U.

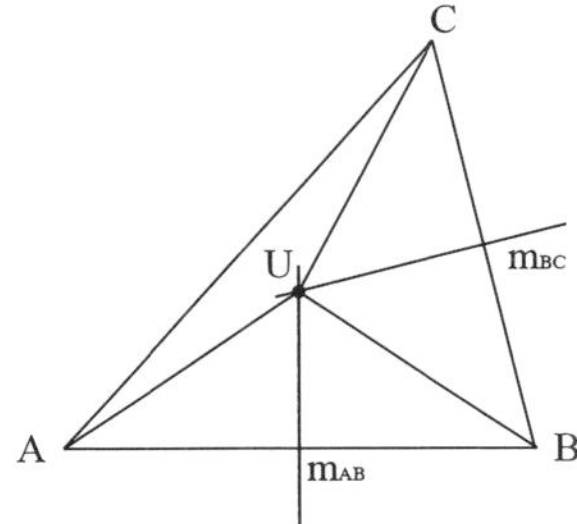

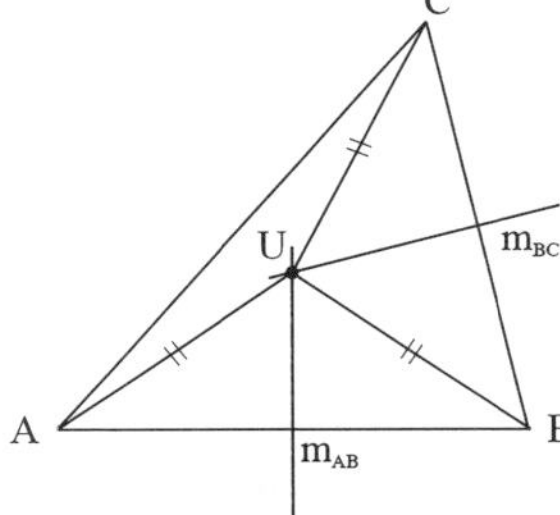

U liegt auf der Mittelsenkrechten der Strecke AB. Daher gilt:
$\overline{UA} = \overline{UB}$ (1)
U liegt auf der Mittelsenkrechten der Strecke BC. Daher gilt:
$\overline{UB} = \overline{UC}$ (2)
Aus (1) und (2) folgt:
$\overline{UA} = \overline{UC}$
U ist also von A und C gleich entfernt. Daraus folgt: U liegt auch auf der Mittelsenkrechten der Strecke AC.
Vorteil: Die Klasse hat die Mittelsenkrechte als Ortslinie in beiden Richtungen wiederholt.
Damit ist $\overline{UA} = \overline{UB} = \overline{UC}$, womit bewiesen ist, dass sich die drei Mittelsenkrechten im Punkt U schneiden. Der Beweis ist zu Ende.

Die Lehrperson fasst die wichtigsten Schritte des Beweises noch einmal zusammen.

Nun kann durch einen mathematischen Dialog zwischen einer Schülerin namens Charlene und einem Lehrer eine erneute Auflockerung geschehen.

Charlene: *Der ganze Umkreis geht viel leichter. Aufgepasst! Ich zeichne einen Kreis. Auf der Kreislinie markiere ich drei Punkte und verbinde diese. Damit ist der Kreis Umkreis des Dreiecks.*

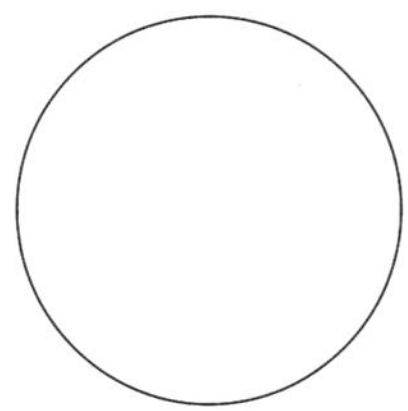

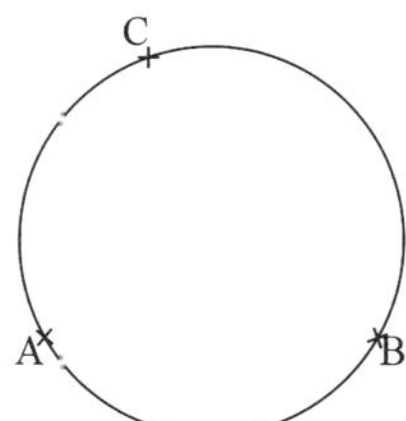

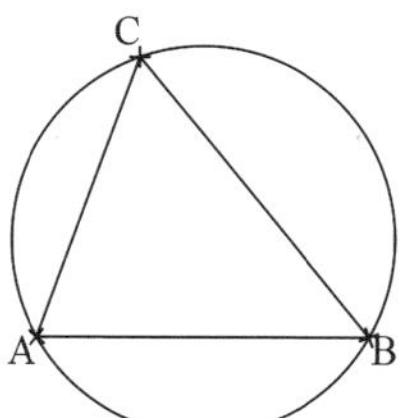

Lehrer: *Ja, aber …*

Charlene: *Ich bin noch nicht fertig! Sie haben uns heute diktiert: Der Kreis, der durch alle drei Eckpunkte des Dreiecks ABC geht, heißt Umkreis des Dreiecks ABC. Mein Kreis geht durch die drei Punkte, ist also ein Umkreis! Sehen Sie es endlich ein!*

Lehrer: *Schon, aber eigentlich …*

Charlene: *Eigentlich ist der Umkreis fertig. Ich zweifle nicht daran, dass Ihre verzwickte Lösung korrekt ist, aber ich bleibe lieber bei meinem Ansatz.*

Vorteil: Der Dialog wirkt erfrischend auf die Lernenden, regt aber auch zum Nachdenken an.

Die Lehrperson fordert dazu auf, Stellung zu Charlenes Argumentation zu beziehen. Durch ein Unterrichtsgespräch hält man fest:

Charlene hat eine *andere Aufgabe* gelöst. Sie hat in einen *gegebenen Kreis* ein Dreieck eingezeichnet. Der Kreis ist tatsächlich Umkreis des Dreiecks. Dies ist möglich und auch leicht. Die *ursprüngliche Aufgabe* lautete aber, den Umkreis eines *gegebenen Dreiecks* zu konstruieren.

Aufgabe
Konstruiere den Umkreis für die folgenden Dreiecke:

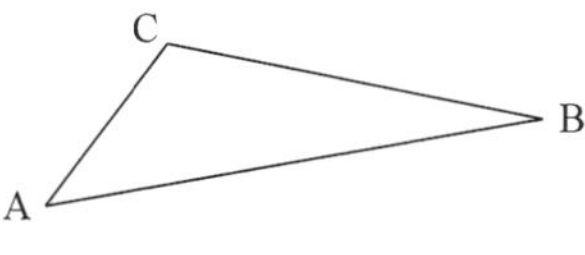

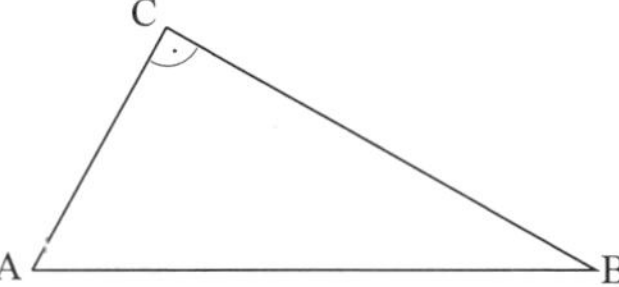

Die Lernenden arbeiten zunächst selbstständig und können am Ende ihre Lösungen vergleichen:

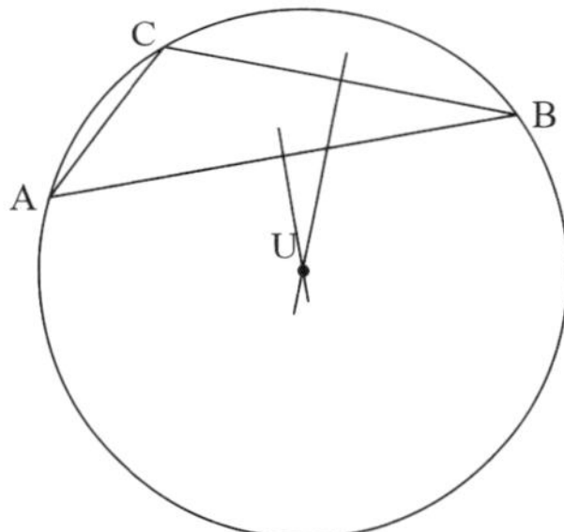

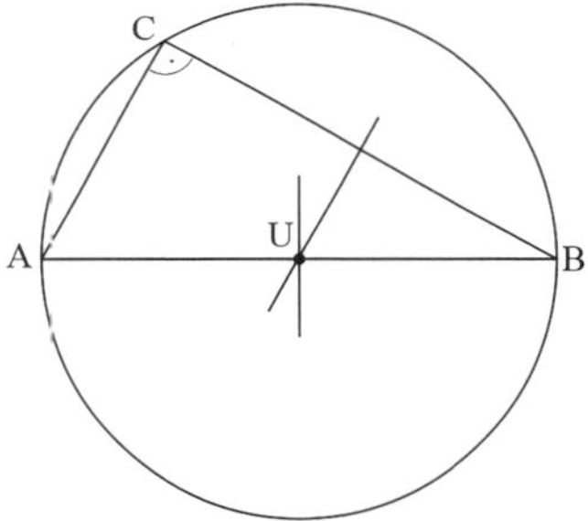

Die Lehrperson fragt: Was fällt euch auf bezogen auf die Lage des Umkreismittelpunktes?
Man hält fest:
Merke: Bei einem stumpfwinkligen Dreieck liegt der Umkreismittelpunkt außerhalb des Dreiecks.
Vorteil: Diese Erkenntnis haben die Lernenden selbst entdeckt.

Die Lehrperson greift nun das rechtwinklige Dreieck auf und fragt:
Kommt euch diese Figur bekannt vor?
Falls nötig, kann er den unteren Halbkreis zudecken.
Man hält fest:
Merke: Bei einem rechtwinkligen Dreieck ist der Umkreis des Dreiecks der sogenannte **Thaleskreis.**
Vorteil: In einem Sonderfall erweist sich der Umkreis als bekannter Thaleskreis.
Es kann vorkommen, dass gefragt wird: Wieso hatten wir beim Thaleskreis nur einen Halbkreis und nicht den ganzen Kreis?!

Die Lehrperson lobt die Frage und beantwortet sie sofort mithilfe einer Zeichung:

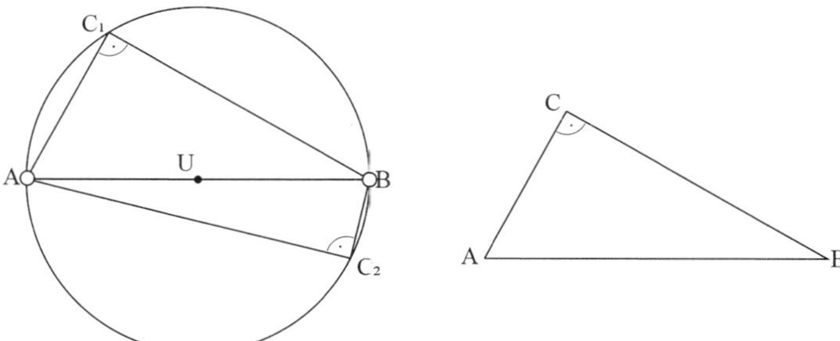

Wenn der Punkt C mit A oder mit B zusammenfällt, dann gibt es keinen Winkel bei C, also auch keinen rechten Winkel. Alle Punkte, von denen man die Strecke AB unter einem 90°-Winkel sieht, sind Punkte des Kreises, außer A und B, also eigentlich zwei Halbkreise. Beim Thaleskreis hat man den oberen Halbkreis verwendet, jedoch ohne die zwei Endpunkte. ***Vorteil:*** Die Lernenden erleben, dass sie durch Fragen neue Erkenntnisse erfahren können und bekannte Ergebnisse ergänzt werden können.

Der Satz des Thales

Vorbemerkung: Die Lernenden entdecken empirisch den Satz des Thales. Dieser wird anschließend bewiesen. Der Thaleskreis wird als Ortslinie besprochen. Zum Schluss folgen Anwendungen.

8.1 Die Entdeckung des Satzes

Die Lehrperson fordert die Lernenden auf:
Zeichnet eine Strecke AB der Länge 6 cm, konstruiert dann einen Halbkreis mit dem Durchmesser AB, markiert einen beliebigen Punkt C auf diesem Halbkreis, verbindet den Punkt C mit A und B und messt anschließend den Winkel bei C mit dem Geodreieck!
Die Lehrperson kann dazu für einen besseren Überblick eine Skizze an der Tafel anfertigen.

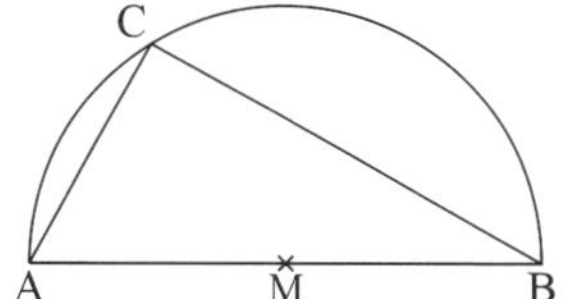

In der Klasse werden dann die Ergebnisse verglichen. Es entsteht die Vermutung, dass der entstandene Winkel immer ein rechter Winkel ist.
Vorteil: Die Lernenden haben den Satz des Thales selbst entdeckt.

Die Lehrperson ermutigt dazu, das Verfahren mit einem zweiten Punkt des Halbkreises zu wiederholen.
Vorteil: Die Lernenden können ihre Vermutung empirisch bestätigen. Man hat nun eine starke Vermutung.

Die Lehrperson erklärt im Unterrichtsgespräch, warum man trotzdem nicht ganz sicher sein kann, dass die Winkelgröße bei C stets 90° beträgt. Dabei kann thematisiert werden:

- Jedes Abmessen ist ungenau.
- Selbst wenn das Abmessen durch spezielle Techniken viel genauer wäre, könnte man nicht unendlich viele Punkte prüfen.

Um auf Nummer sicher zu gehen, muss die Vermutung bewiesen werden.

8.2 Der Satz des Thales

Die Lehrperson verzichtet mit Absicht auf eine übergenaue Formulierung. Sie wählt eine Ausdrucksweise, die das Wesentliche erfasst und betont, dass der Satz stets zusammen mit der Figur zu betrachten ist.

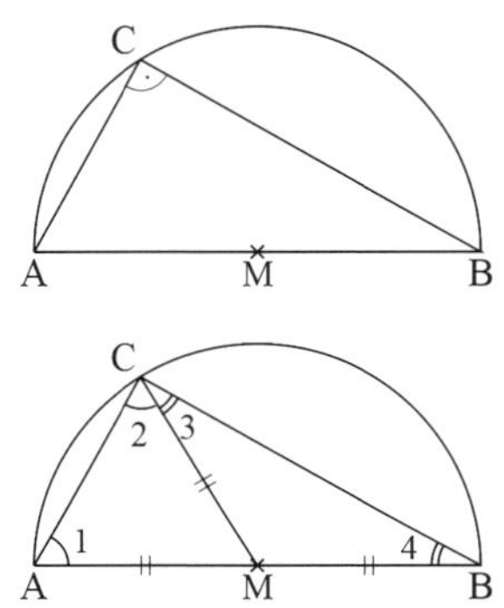

Satz des Thales
Der Winkel im Halbkreis ist ein rechter Winkel.

Beweis des Satzes
Zunächst zeichnet die Lehrperson nur die Strecke AB, den Halbkreis über AB sowie die Strecken MC, AC und BC ein
Die Strecken MA, MB und MC sind Radien des Halbkreises. Daher sind sie gleich lang. Die Lehrperson markiert die drei Strecken.
Das Dreieck ACM ist gleichschenklig, da $\overline{AM} = \overline{CM}$ ist. Daher sind die zwei Basiswinkel gleich groß. Die Lehrperson markiert nun diese Winkel mit je einem Winkelbogen.
Das Dreieck BCM ist gleichschenklig, da $\overline{BM} = \overline{CM}$ ist. Daher sind die zwei Basiswinkel gleich groß. Die Lehrperson markiert nun diese Winkel mit je zwei Winkelbögen.
Die Lehrperson führt nun die Bezeichnungen $\sphericalangle 1$, $\sphericalangle 2$, $\sphericalangle 3$ und $\sphericalangle 4$ ein.
Vorteil: Diese Schreibweise führt bei vielen Lernenden zu einem besseren Verständnis.
Es gilt $\sphericalangle 1 = \sphericalangle 2$ und $\sphericalangle 3 = \sphericalangle 4$.
Die Winkelsumme im Dreieck ABC ist 180°:
$\sphericalangle A + \sphericalangle B + \sphericalangle C = 180°$
Mit den gewählten Bezeichnungen ergibt sich:
$\sphericalangle 1 + \sphericalangle 4 + \sphericalangle 3 + \sphericalangle 2 = 180°$
Mit $\sphericalangle 1 = \sphericalangle 2$ und $\sphericalangle 4 = \sphericalangle 3$ folgt:
$\sphericalangle 2 + \sphericalangle 3 + \sphericalangle 3 + \sphericalangle 2 = 180°$
Oder, zusammengefasst:
$2 \cdot \sphericalangle 2 + 2 \cdot \sphericalangle 3 = 180° \qquad |:2$
$\sphericalangle 2 + \sphericalangle 3 = 90°$
$\sphericalangle C = 90°$
Der Winkel ist also 90° groß. Die Vermutung wurde bewiesen.

8.3 Anwendungen

Das Autorenteam beschränkt sich auf drei klassische Anwendungen.

Aufgabe 1

Ermittle die Winkelgrößen in den folgenden zwei Abbildungen:

a)

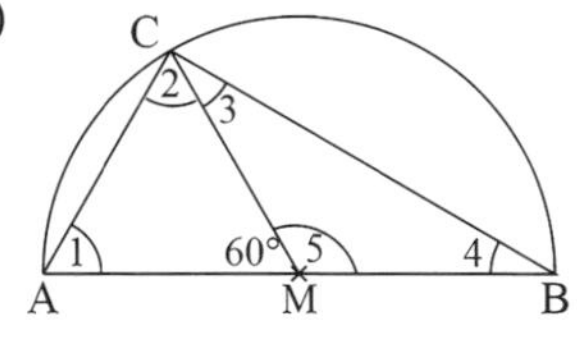

b)

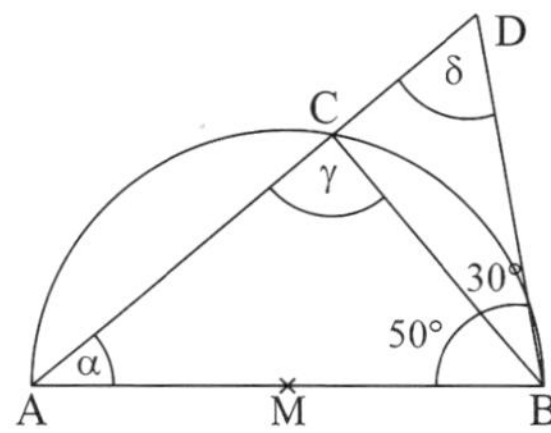

Lösungshinweis: Gib stets an, in welchem Dreieck du gerade arbeitest.

Lösung

a) ΔACM ist gleichschenklig ($\overline{AM} = \overline{CM}$, Radien) $\Rightarrow \sphericalangle 1 = \sphericalangle 2$

ΔACM: $\sphericalangle 1 + \sphericalangle 2 + 60° = 180° \Rightarrow \sphericalangle 1 + \sphericalangle 2 = 120° \Rightarrow \sphericalangle 1 = \sphericalangle 2 = 60°$

$\sphericalangle 5 = 120°$ (180° – 60°, Nebenwinkel)

$\sphericalangle ACB = 90°$ (Satz des Thales)

$\sphericalangle 3 = 30°$ (90° – 60°)

ΔBCM: $\sphericalangle 30° + \sphericalangle 120° + \sphericalangle 4 = 180° \Rightarrow \sphericalangle 4 = 30°$

Also $\sphericalangle 1 = \sphericalangle 2 = 60°$, $\sphericalangle 3 = \sphericalangle 4 = 30°$, $\sphericalangle 5 = 120°$

b) $\gamma = 90°$ (Satz des Thales)

ΔABC: $\alpha + 50° + 90° = 180° \Rightarrow \alpha = 40°$

ΔABD: $40° + 50° + 30° + \delta = 180° \Rightarrow \delta = 60°$

Also $\alpha = 40°$, $\gamma = 90°$, $\delta = 60°$

Aufgabe 2

Im Dreieck ABC ist $\overline{AB} = 5\,\text{cm}$, $\sphericalangle C = 90°$ und $h_c = 2\,\text{cm}$.
Konstruiere das Dreieck.

Lösung

TIPP: Untersuche die einzelnen Angaben getrennt!

Aus $\sphericalangle C = 90°$ folgt, dass sich der Punkt C auf dem Halbkreis über der Strecke AB befindet.

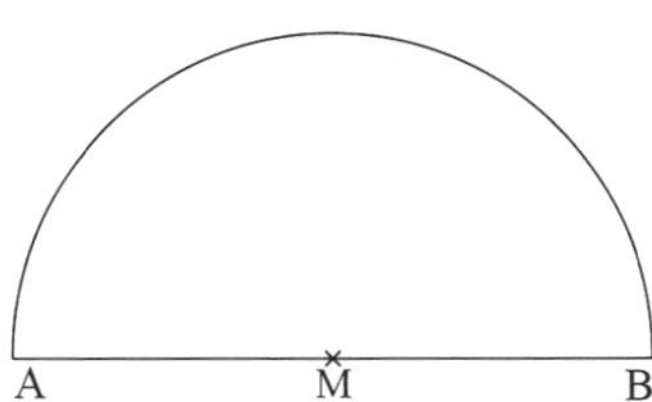

Aus $h_c = 2\,\text{cm}$ folgt, dass sich der Punkt C auf einer Parallelen g mit dem Abstand 2 cm zu AB befindet. (Die andere Parallele unterhalb von AB ist wegen des Halbkreises ohne Bedeutung.)

Der Punkt C liegt sowohl auf dem Halbkreis als auch auf der Parallelen. Daher ist C einer der zwei Schnittpunkte zwischen Parallele und Halbkreis. Es entstehen zwei Schnittpunkte. Diese verbindet man noch mit A und B. Es entstehen zwei gleiche (kongruente) Dreiecke:

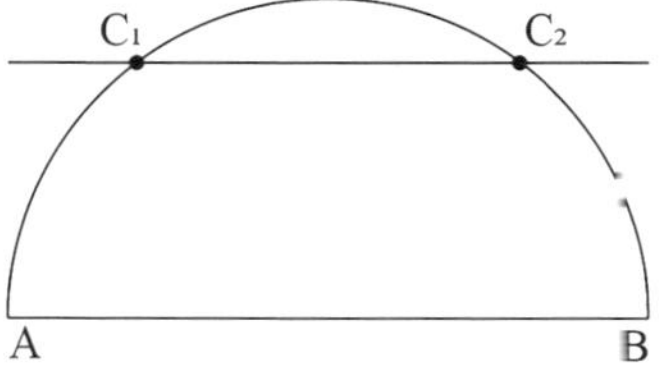

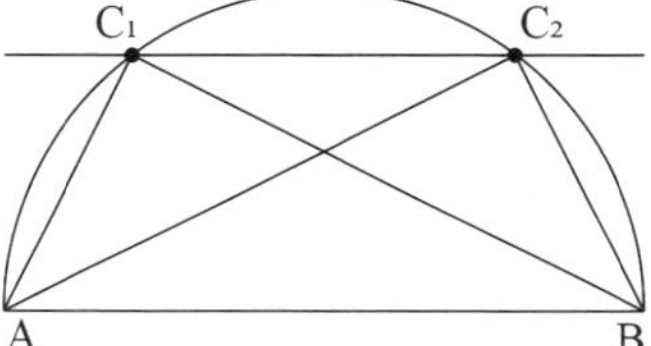

8.4 Der Thaleskreis als geometrischer Ort

Zunächst stellt die Lehrperson folgende Frage: Warum betrachtet man nur den Halbkreis und nicht den ganzen Kreis?

Man kann den ganzen Kreis mit dem Durchmesser AB zeichnen:

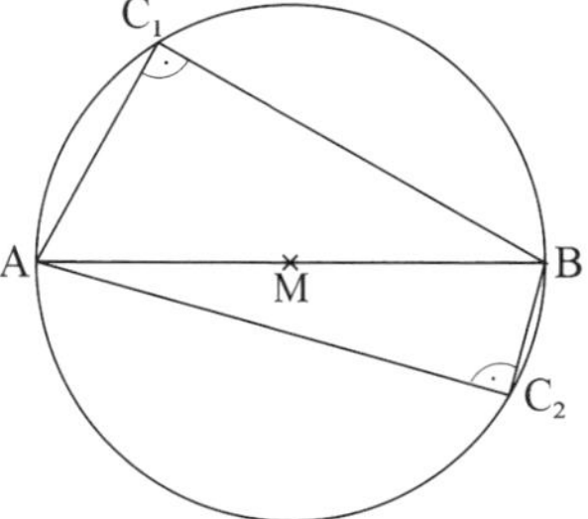

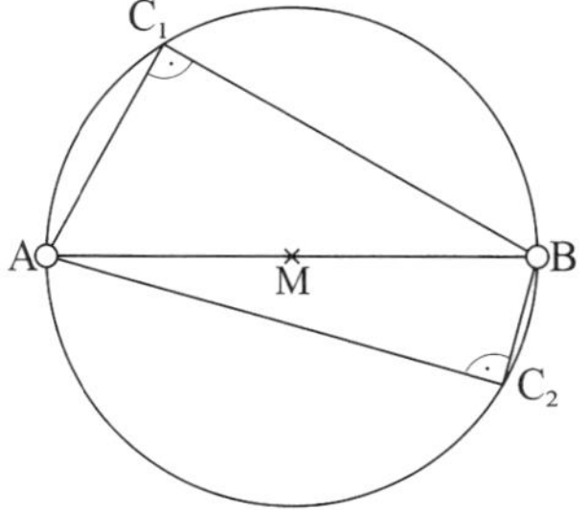

Die Lehrperson stellt die nächste Frage: Für welche Lage des Punktes C gibt es den Winkel ∢ACB nicht?

Antwort: Wenn C mit A oder mit B zusammenfällt.

Diese zwei Punkte muss man daher aus dem Kreis entfernen.

Die Lehrperson betont: Es entstehen zwei Halbkreise ohne die Endpunkte A und B. Häufig betrachtet man aber nur den oberen Halbkreis.

Die bisherige Herangehensweise ist unvollständig. Sie erkennt, dass bei jedem Punkt auf dem Thaleskreis ein rechter Winkel entsteht. Die Frage, ob es vielleicht auch Punkte gibt, die nicht auf dem Thaleskreis liegen, aber trotzdem einen rechten Winkel liefern, bleibt jedoch offen.

Die Lehrperson stellt nun die Frage: Gibt es für den Punkt C auch die Möglichkeit, dass er nicht auf dem Kreis liegt, aber der Winkel $\sphericalangle ACB$ ebenfalls ein rechter Winkel ist?
Nach einer kurzen Aussprache gibt die Lehrperson den Lernenden folgenden Arbeitsauftrag:
Markiert einen Punkt C_1 im Inneren und einen Punkt C_2 im Äußeren des Halbkreises. Verbindet diese Punkte mit A und B und messt die Größe der Winkel $\sphericalangle AC_1B$ sowie $\sphericalangle AC_2B$.

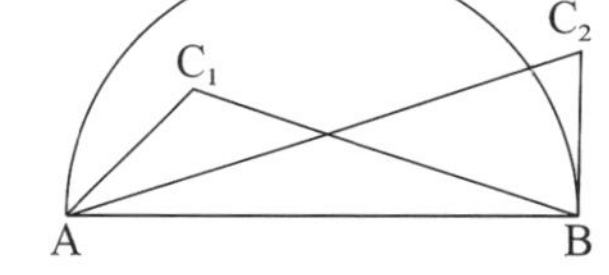

Man stellt fest: $\sphericalangle AC_1B$ ist ein stumpfer Winkel, $\sphericalangle AC_2B$ ist ein spitzer Winkel.
Vorteil: Die Lernenden haben empirisch entdeckt, dass es keine weiteren Punkte C gibt, die nicht auf dem Kreis liegen und für die $\sphericalangle ACB = 90°$ gilt. Nun kann man den Satz des Thales als Ortslinie formulieren.
Merke: Die Ortslinie aller Punkte, von denen man eine Strecke AB unter einem 90°-Winkel sieht, ist der Kreis mit dem Durchmesser AB, ohne die Punkte A und B.

Der Funktionsbegriff

Vorbemerkung: Es handelt sich um einen zentralen Begriff der Mathematik, der nach seiner Einführung in allen Klassenstufen vorkommt. Der Begriff wird zunächst an Beispielen aus dem Alltag erläutert. Anschließend folgen eine Definition sowie mathematische Beispiele. Funktionen werden auf mehrere Arten veranschaulicht. Funktionswert und Graph werden angesprochen.

9.1 Beispiele aus dem Alltag

Beispiel 1 (bezieht sich auf die jeweilige Schule)
Jeder Person wird seine Ausweisnummer zugeordnet.
Man kann die Zuordnung durch einen Pfeil veranschaulichen:
Person → Ausweisnummer
Man nennt einige Situationen, bei denen diese Zuordnung im Alltag sinnvoll ist und verwendet wird.
Vorteil: Das Beispiel stammt aus der Lebenswelt der Lernenden.

Beispiel 2
Jedem Auto wird sein Kennzeichen zugeordnet.
Anschaulich:
Auto → Kennzeichen
Man nennt einige Situationen, bei denen diese Zuordnungen im Alltag sinnvoll ist und verwendet wird.
Vorteil: Das Beispiel stammt aus dem Alltag.

Beispiel 3
Jeder Person wird sein Geburtsdatum zugeordnet.
Vorteil: Das Beispiel stammt aus dem Alltag.

Beispiel 4
Jedem Kind wird sein Bruder zugeordnet.

Beispiel 5
Jeder Familie wird seine Nachbarfamilie zugeordnet.

9.2 Was versteht man unter einer Funktion?

Die Lehrperson wählt als Einstieg ausschließlich Beispiele, die der Klasse bekannt sind. Da die Hintergründe bekannt sind, können nun die Lernenden über die Fragen der Lehrperson besser nachdenken.

Die Lehrperson fragt: Warum sind Beispiel 4 und Beispiel 5 anders als die anderen drei Beispiele?

Falls dies noch nicht reicht, kann die Lehrperson ihre Frage präzisieren: Welche Gemeinsamkeit haben die ersten drei Beispiele?

Danach kann sie hinzufügen:

Die letzten zwei Beispiele haben diese Gemeinsamkeit nicht.

In einem Unterrichtsgespräch wird geklärt:

Jede Person hat *genau eine* Ausweisnummer, jedes Auto hat *genau ein* Kennzeichen, jede Person hat *genau ein* Geburtsdatum.

Man sagt: Diese Zuordnungen sind *eindeutig.*

Bei Beispiel 4 hingegen könnte es sein, dass ein Kind mehrere Brüder hat. Damit wäre die Zuordnung in diesem Fall nicht eindeutig. Es könnte aber auch sein, dass ein Kind überhaupt keinen Bruder hat.

Bei Beispiel 5 kann es ebenfalls sein, dass eine Familie gleich mehrere Nachbarfamilien hat. Somit wäre die Zuordnung in diesem Fall nicht eindeutig.

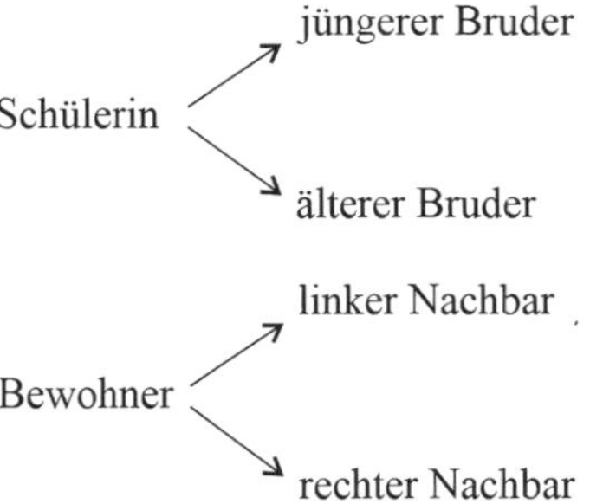

Vorteil: Die Lernenden entdecken das wesentliche Merkmal selbst.

Nun kann der Funktionsbegriff definiert werden.

Merke: Eine **eindeutige Zuordnung** heißt **Funktion.**

Die Lehrperson hebt den Vorteil von eindeutigen Zuordnungen im Alltag hervor. So kann man eine Person durch seine Ausweisnummer oder ein Auto durch sein Kennzeichen eindeutig identifizieren. Man bespricht mit der Klasse, warum es nicht sinnvoll wäre, wenn ein Auto mehrere Kennzeichen hätte.

Vorteil: Die Wichtigkeit von eindeutigen Zuordnungen ist intuitiv klar geworden.

Aufgabe 1

Welche der folgenden Zuordnungen sind Funktionen? (mit Begründung)

a) Jeder Klasse wird ihr Stundenplan zugeordnet.

b) Jeder Schülerin wird ihre Freundin zugeordnet.

c) Jeder Klasse wird ihr Klassenzimmer zugeordnet.

d) Jedem Lernenden wird sein Sitzplatz im Klassenzimmer zugeordnet.
e) Jeder Schülerin wird ihr Traum zugeordnet.
f) Jedem Schüler wird sein monatliches Taschengeld zugeordnet.

Lösung

a) Es ist eine Funktion, da die Zuordnung eindeutig ist. Dies gilt aber nur, wenn alle genau dieselben Fächer haben.
b) Es ist keine Funktion. Wenn eine Schülerin mehrere Freundinnen hat, ist die Zuordnung nicht eindeutig.
c) Es ist eine Funktion, da die Zuordnung eindeutig ist.
d) Es ist eine Funktion, da die Zuordnung eindeutig ist. Dies gilt aber nur, wenn alle Lernenden im Klassenzimmer einen festen Sitzplatz haben.
e) Es ist keine Funktion. Wenn eine Schülerin mehrere Träume hat, ist die Zuordnung nicht eindeutig.
f) Es ist eine Funktion, da die Zuordnung eindeutig ist. Dies gilt aber nur, wenn alle Schüler ihr Taschengeld monatlich erhalten.

9.3 Mathematische Beispiele

Zunächst werden einige Beispiele betrachtet, bei denen die Zuordnungen durch Pfeile dargestellt sind.

Beispiel 6

Die zwei Abbildungen stellen zwei Funktionen dar:

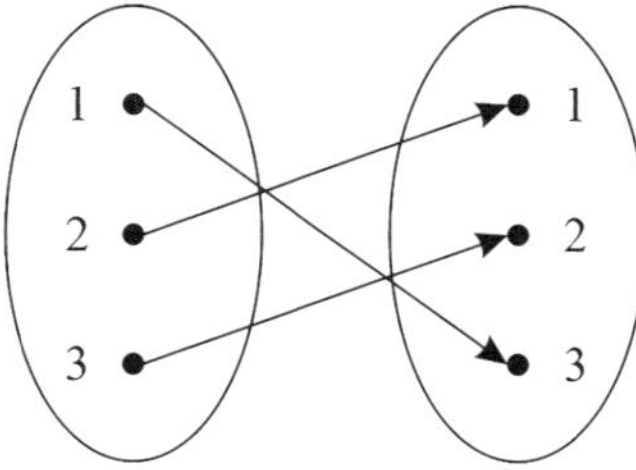

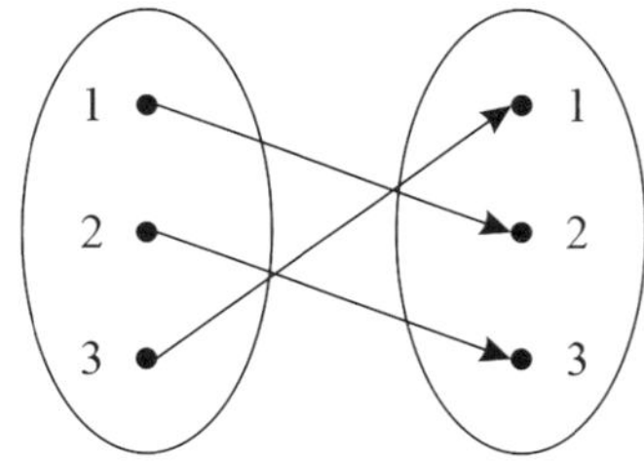

Vorteil: Durch die Pfeile erfolgt ein glatter Übergang von den Beispielen aus dem Alltag zu den mathematischen Beispielen.
Linke Abbildung:
Wenn man die Funktion mit f bezeichnet, dann kann man schreiben:
$1 \xrightarrow{f} 3$, $2 \xrightarrow{f} 1$ und $3 \xrightarrow{f} 2$
Alternativschreibweise: $f(1) = 3$, $f(2) = 1$ und $f(3) = 2$
Rechte Abbildung:
Wenn man die Funktion mit f bezeichnet, dann kann man schreiben:
$1 \xrightarrow{f} 2$, $2 \xrightarrow{f} 3$ und $3 \xrightarrow{f} 1$

Alternativschreibweise: f(1) = 2, f(2) = 3 und f(3) = 1.
f(1), f(2), f(3) heißen **Funktionswerte.**
Man sagt: f von 1, f von 2, f von 3

Aufgabe 2
Untersuche, ob die folgenden Abbildungen Funktionen darstellen.
Begründe deine Antwort.

a) linke Abbildung

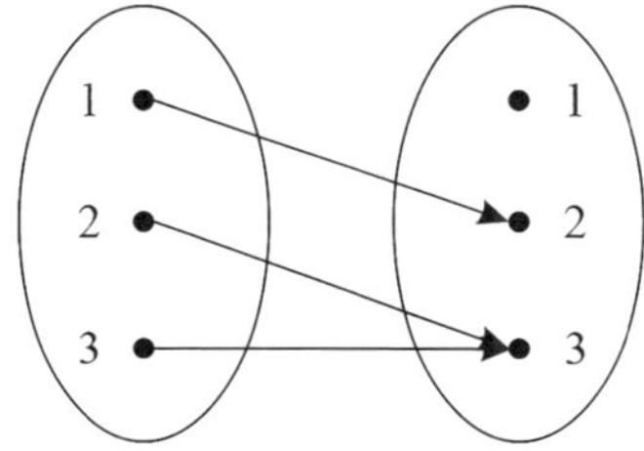

b) rechte Abbildung

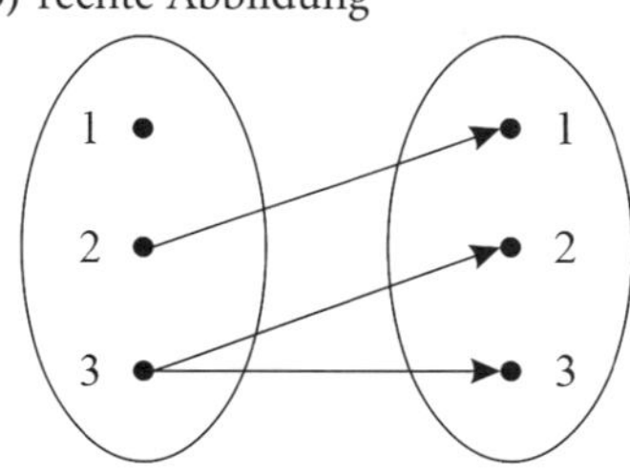

Lösung
Linke Abbildung: Es ist eine Funktion, da die Zuordnung eindeutig ist.
Rechte Abbildung: Es ist keine Funktion, da der Zahl 3 sowohl die Zahl 2 als auch die Zahl 3 zugeordnet wird. Die Zuordnung ist damit nicht eindeutig. Außerdem wird der Zahl 1 keine Zahl zugeordnet.

Die Lehrperson kann nun den Unterricht mit einem beispielhaften Dialog zwischen dem Schüler Charly und seiner Lehrerin auflockern.

Charly: *Da stimmt was nicht …*

Lehrerin: *Was denn?!*

Charly: *In beiden Abbildungen gibt es einen Doppelpfeil. Die linke Abbildung soll eine Funktion sein, die rechte aber nicht. Das geht so nicht!*

Lehrerin: *Doch! Bei der linken Abbildung sind die Zuordnungen eindeutig: f(1) = 2, f(2) = 3 und f(3) = 3.*
In der rechten Abbildung hingegen werden 3 zwei Zahlen zugeordnet und dies ist daher nicht eindeutig. Alles klar?

Charly: *Von wegen! Bei beiden Abbildungen wird die Zahl 3 doppelt verwendet. Es ist gemogelt!*

Lehrerin: *Es kommt auf die Richtung der Pfeile an. Bei der linken Abbildung geht aus jeder Zahl genau ein Pfeil aus. In der rechten Abbildung hingegen gehen aus der Zahl 3 zwei Pfeile aus. Dies ist der feine Unterschied.*

Charly: *Ah, so! Das ist oberschlau. Jetzt habe ich es verstanden.*

Vorteil: Es wird eine Erkenntnis durch eine Schülerperspektive gewonnen. Das Wichtigste wird nun kurz zusammengefasst.
Beachte: Bei einer Funktion führt von jeder Zahl genau ein Pfeil weg. Es ist aber möglich und erlaubt, dass mehrere Pfeile zur selben Zahl führen.

Beispiel 7

Jeder Zahl wird ihr Doppeltes zugeordnet.
Vorteil: f(x) = 2x wird zunächst mit Worten beschrieben.
Der Zahl 3 wird zum Beispiel die Zahl 6, der Zahl 5 wird die Zahl 10 zugeordnet.
Wenn man diese Funktion mit f bezeichnet, dann gilt:
$3 \xrightarrow{f} 6$ und $5 \xrightarrow{f} 10$
Es gibt aber auch andere Zahlen, für die dies gilt. Man kann eine Regel entdecken:
$3 \xrightarrow{f} 2 \cdot 3$ und $5 \xrightarrow{f} 2 \cdot 5$
Die Lehrperson fragt: Was wird der Zahl x zugeordnet?
Antwort: $x \xrightarrow{f} 2x$
Vorteil: Die Lernenden entdecken selbstständig den Funktionsterm.
Schreibweise: f(x) = 2x, f(x) heißt **Funktionsterm.**
Merke: Eine Funktion f ordnet jedem x den Funktionsterm f(x) zu.
$x \longrightarrow f(x)$
Das Autorenteam verzichtet an dieser Stelle darauf, den Graphen von f zu zeichnen. Es ist zwar eine lineare Funktion, aber die Lernenden können keine lineare Funktion kennen, bevor sie nicht gelernt haben, was eine Funktion ist.

Beispiel 8

Durch eine Funktion f wird jeder Zahl ihre Quadratzahl zugeordnet.
$1 \xrightarrow{f} 1^2$, $4 \xrightarrow{f} 4^2$
Der allgemeine Funktionsterm lautet: $f(x) = x^2$, also $x \xrightarrow{f} x^2$

Aufgabe 3

Berechne bei Beispiel 8 die Funktionswerte f(0) und f(6).

Lösung

$f(0) = 0^2 = 0$, $f(6) = 6^2 = 36$. Also $0 \xrightarrow{f} 0$ und $6 \xrightarrow{f} 36$.
Die Lehrperson betont: Diese Zuordnungen mit dem Pfeil stehen hinter einer Funktion, sie werden aber ab jetzt nicht mehr ausgeschrieben. Man schreibt nur noch $f(x) = x^2$.
Vorteil: Die Lernenden erleben einen glatten Übergang von der Sprache mit dem Zuordnungspfeil zu den Schreibweisen ohne.

Beispiel 9
$f(x) = 3 - x$

Aufgabe 4
Berechne bei Beispiel 9 den Funktionswert für $x = -2$.

Lösung
$f(-2) = 3 - (-2) = 3 + 2 = 5$

Aufgabe 5
Für welches x nimmt der Funktionswert von Beispiel 9 den Wert 10 an?

Lösung
Gesucht ist x.
Die Bedingung lautet:
$f(x) = 10$
$3 - x = 10 \quad |-3$
$-x = 7 \quad |\cdot(-1)$
$x = -7$
Probe:
$f(-7) = 3 - (-7) = 3 + 7 = 10$ und es stimmt.

9.4 Graphen von Funktionen

Beispiel 10
Die Entwicklung der allgemeinen Intelligenz von Menschen mit der Zeit kann modellhaft in etwa so dargestellt werden (x ist das Alter in Jahren):

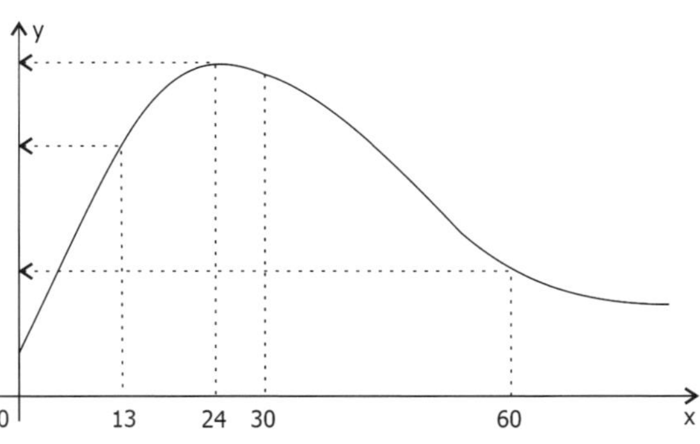

Die Intelligenz steigt und steigt und erreicht ihr Maximum bei 24 Jahren. Nachher sinkt sie bis zum 30. Lebensjahr ganz leicht. Danach sinkt sie spürbar. Jedem Zeitpunkt wir die entsprechende Intelligenz zugeordnet.
Die Lehrperson zeigt und deutet einige ausgewählte Zuordnungen.
Vorteil: Dieses nichtmathematische Beispiel weckt das Interesse der Lernenden. Die Zuordnungen werden in einen Kontext eingebettet.

Beispiel 11

Bei einer Untersuchung beschäftigt man sich damit, wie viele Vokabeln die Lernenden vergessen, wenn sie nichts wiederholen. Die Ergebnisse lassen sich in etwa so darstellen (x ist die Zeit in Monaten):

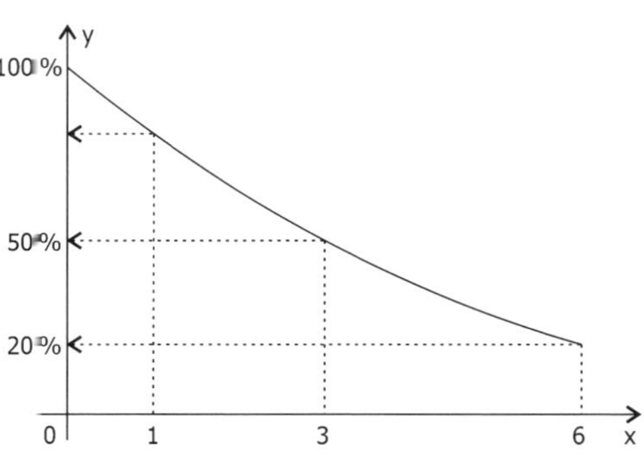

Die Anzahl der Vokabeln sinkt stark und halbiert sich etwa in 3 Monaten. Nach 6 Monaten blieben nur noch etwa 20 % der gelernten Vokabeln verfügbar.

Die Lehrperson zeigt und deutet einige ausgewählte Zuordnungen. Sie nutzt die Gelegenheit, die Notwendigkeit von Wiederholungen zu thematisieren.

Vorteil: Graphen werden intuitiv eingeführt.

Merke: Eine Funktion ordnet jeder Zahl x genau eine Zahl y zu. Werden alle Punkte (x | y) in ein Koordinatensystem veranschaulicht, entsteht der **Graph** der Funktion.

Anmerkung: Statt **Graph** kann man auch **Schaubild** sagen.

Die Lehrperson nimmt nun das Geodreieck, legt es senkrecht zum Graphen aus Beispiel 10 und verschiebt es langsam entlang der x-Achse. Die Lernenden sehen, dass es jedes Mal genau einen Schnittpunkt mit dem Graphen gibt.

Die Lehrperson wiederholt dieses Verfahren auch am Graphen aus Beispiel 11.

Merke: Eine Kurve kann genau dann als Graph einer Funktion aufgefasst werden, wenn jede Parallele zur y-Achse die Kurve in genau einem Punkt schneidet.

Einführung in die Wahrscheinlichkeitsrechnung

10

Vorbemerkung: Da die Lernenden noch keine mathematischen Vorkenntnisse haben, auf die zurückgegriffen werden kann, kann zunächst an den Begriff „Chance“ angeknüpft werden, da dieser den Lernenden gut bekannt ist. In dieser ersten Phase vermittelt die Lehrperson den Wahrscheinlichkeitsbegriff rein intuitiv durch logisches Mitdenken. Wahrscheinlichkeit wird als jener Anteil angegeben, der eine Chance beschreibt. Auf die übliche Fachterminologie kann am Anfang ganz verzichtet werden. Eine verständliche Sprache ebnet dann den Weg zur mathematisch korrekten Ausdrucksweise.

10.1 Spielerische Einführung

Als Einstieg kann eine Situation aus dem Alltag gewählt werden.

Paul und Paula planen ihr Wochenendprogramm. Paul möchte ins Kino, Paula in die Disco. Sie können sich aber nicht einigen, was davon sie machen sollen. Als das Gespräch zu hitzig wird, schlägt Paula vor: Lass uns nicht streiten, sondern lieber eine Münze werfen. Zeigt sie Kopf gehen wir ins Kino, bei Zahl in die Disco.

Paul überlegt kurz und ist anschließend mit Paulas Vorschlag einverstanden.

Die Lehrperson kann nun – bewusst etwas provokativ – folgende Frage aufwerfen: *Die Münze kann ja nicht denken. Warum gibt es trotzdem viele Leute, die bei bestimmten Entscheidungen einfach eine Münze werfen?*

Bei den anschließenden Diskussionen ist mit einer regen Beteiligung zu rechnen.

Anbei einige denkbare und sinnvolle Ansätze:

Das Vorgehen ist fair, da die Chancen für Kopf oder Zahl gleich sind. Selbst wenn man verloren hat, hat man trotzdem das Gefühl der Gerechtigkeit, denn es hätte genauso auch umgekehrt kommen können. Wenn die Münze z. B. so fällt, dass Pauls Wunsch in Erfüllung geht, musste Paula nicht nachgeben. Paul hat einfach Glück gehabt.

Vorteil: Der Sinn und der Nutzen von „Chance“ ist bei diesem Beispiel einleuchtend.

Die Lehrperson kann nun der Klasse mitteilen, dass sie ein Mannschaftsspiel spielen werden. Dazu legt die Lehrperson sechs Hüte (drei weiße und drei graue) auf das Lehrerpult und bittet drei Freiwillige nach vorne.

Im Folgenden wird der Ablauf des Spiels beschrieben. Die Hüte müssen im Vorfeld bereitgestellt bzw. mitgebracht werden.
Eine Mannschaft besteht aus drei Personen, die durch die Spielleitung je einen weißen oder grauen Hut aufgesetzt bekommen. Die Hüte werden im Folgenden nur mit weiß bzw. grau bezeichnet.
Die drei Personen stehen in einer Reihe und schauen mit dem Gesicht in Richtung der Klasse. Die Lehrperson setzt ihnen von hinten je einen Hut auf; zum Beispiel einen weißen und zwei graue. Alle halten ihren Hut mit einer Hand fest. Die übriggebliebenen drei Hüte verschwinden unter dem Lehrerpult oder in einer Tüte. Nun bilden die drei einen Kreis.
Jeder Spielende sieht, welche Farbe die beiden anderen tragen, die eigene Farbe sieht man aber nicht. Die Lehrperson ruft jeden der drei Spielenden einmal auf. Nun kann jeder Spielende entweder versuchen, die eigene Farbe zu erraten, oder er sagt „Ich passe".
Die Mannschaft gewinnt, wenn mindestens ein Spielender die eigene Hutfarbe erraten hat und niemand einen falschen Tipp abgegeben hat. Wenn niemand seine Farbe erraten hat oder jemand falsch getippt hat, hat die Mannschaft verloren.
Das Spiel wird einmal durchgeführt. Es wird mit der Klasse besprochen, warum die Mannschaft gewonnen oder verloren hat. Bei Bedarf wird das Spiel wiederholt.
Während des Spiels darf nicht kommuniziert werden, jedoch darf im Vorfeld eine Strategie des Ratens oder Passens ausgedacht und Abmachungen getroffen werden.
Die Lehrperson wechselt nun die Mannschaft. Drei neue Freiwillige dürfen rausgehen und sich kurz beraten. Die Lehrperson führt anschließend das Spiel erneut durch, diesmal mit drei gleichfarbigen Hüten. Es wird festgestellt, ob die Mannschaft gewonnen oder verloren hat – welche Absprachen sie getroffen haben, wird noch nicht verraten.
Die Lehrperson wechselt wieder die Mannschaft. Die Spielleitung übernimmt nun ein Lernender. Die drei neuen Teilnehmer dürfen rausgehen und sich kurz beraten. Die Spielleitung führt anschließend das Spiel durch und verteilt beliebig die Hüte. Die Lehrperson achtet darauf, dass das Spiel korrekt durchgeführt wird. Es wird festgestellt, ob die Mannschaft gewonnen oder verloren hat – welche Absprachen sie getroffen hat, wird auch hier noch nicht verraten.
Die Lehrperson wirft nun folgende Frage auf:
Bei welcher der folgenden drei Strategien sind die Gewinnchancen der Mannschaft am größten? Begründe deine Antwort.

Strategie 1: Genau eine Person tippt, die anderen zwei passen.
Strategie 2: Genau zwei Personen tippen, die dritte Person passt.
Strategie 3: Alle drei Personen tippen.

Ein anschaulicher Hintergrund mit den acht möglichen Fällen erleichtert die Überlegungen über die Strategien.

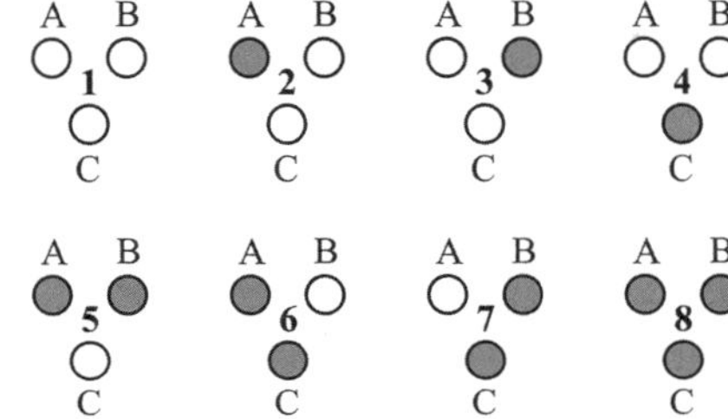

Lösung

Strategie 1

Genau eine Person tippt, die anderen zwei passen.
Hierfür gibt es mehrere Möglichkeiten. Man sucht sich ein Beispiel aus: A tippt auf grau, B und C passen.
Bei **Fall 1** würde die Mannschaft verlieren, da A einen weißen Hut trägt.
Bei **Fall 2** dagegen hätte A recht und kein Tipp wäre falsch, wodurch die Mannschaft gewinnt.
Die Lehrperson kann nun fragen, was in den weiteren Fällen passieren würde. Die Lernenden überlegen dies und zeigen ihre Vermutung mit ihren Fingern. V (Victory-Zeichen) steht für Gewinn und ein gesenkter Daumen für Niederlage. Die Lehrperson schreibt das Ergebnis an die Tafel:
Gewinn bei: 2; 5; 6; 8
Niederlage bei: 1; 3; 4; 7
Bei **Strategie 1** würde die Mannschaft in 4 von den 8 möglichen Fällen gewinnen. Die Gewinnchancen betragen als Anteil $\frac{4}{8}$ oder in Prozent 50 %. Das Ergebnis ist von der Auswahl des Beispiels unabhängig (tippende Person und Farbe des Tipps).
Die Untersuchung der anderen zwei Strategien kann in Teamarbeit erfolgen.

Strategie 2

Beispiel: A passt, B und C tippen auf Weiß.
Gewinn bei: 1; 2
Niederlage bei: 3; 4; 5; 6; 7; 8
Die Mannschaft würde in 2 von den 8 möglichen Fällen gewinnen. Die Gewinnchancen betragen als Anteil $\frac{2}{8}$ oder in Prozent 25 %.

Strategie 3

Beispiel: A und B tippen auf Weiß, C tippt auf Grau.

Gewinn nur bei: 4

Niederlage bei: 1; 2; 3; 5; 6; 7; 8

Die Mannschaft würde in 1 von den 8 möglichen Fällen gewinnen. Die Gewinnchancen betragen als Anteil $\frac{1}{8}$ oder in Prozent 12,5 %.

Jetzt muss man noch die drei Strategien miteinander vergleichen.

Strategie 1 bietet die höchsten Gewinnchancen.

Begründung: 4 günstige Fälle aus 8 möglichen Fällen sind mehr als 2 günstige Fälle oder als 1 günstiger Fall.

In Prozenten: 50 % sind mehr als 25 % und auch mehr als 12,5 %.

Vorteil: Die Lernenden rechnen bereits mit Wahrscheinlichkeiten. Günstige sowie mögliche Fälle werden spielerisch eingeführt. Jetzt kann die Wahrscheinlichkeit mit Hilfe von Anteilen definiert werden.

Eine Möglichkeit hierfür:

Chancen kann man mit Zahlen beschreiben. Dazu bildet man den Anteil der günstigen Fälle an den möglichen Fällen.

Eine solche Zahl nennt man in der Mathematik **Wahrscheinlichkeit.**

Da Anteile immer positiv sind, kann eine Wahrscheinlichkeit nicht kleiner als 0 sein. Weil die günstigen Fälle immer nur ein Teil der möglichen Fälle sind, ist eine Wahrscheinlichkeit nie größer als 1. Somit liegt jede Wahrscheinlichkeit zwischen 0 und 1.

Anschaulich:

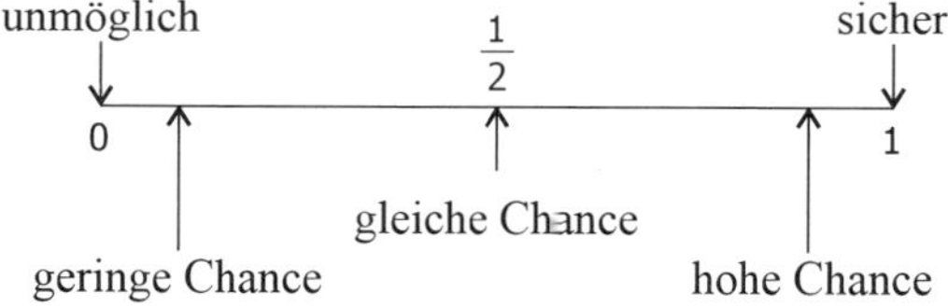

Merke:

Eine Wahrscheinlichkeit ist eine Zahl zwischen 0 und 1, die eine Chance beschreibt.

Je kleiner die Zahl ist, desto kleiner ist die Chance.

Je größer die Zahl ist, desto größer ist die Chance.

Die Lehrperson greift das Beispiel des Münzwurfes noch einmal kurz auf, das nur mündlich besprochen wird.

Hier gibt es nur zwei mögliche Fälle, die die Münze zeigen kann: Kopf oder Zahl. Damit ist die Wahrscheinlichkeit für Kopf $\frac{1}{2}$, denn Kopf stellt

den einzigen günstigen Fall aus den zwei möglichen Fällen dar. Die Wahrscheinlichkeit für Zahl ist ebenfalls $\frac{1}{2}$.
Kopf und Zahl haben also gleiche Chancen.
Vorteil: Intuitiv war dies schon am Anfang des Unterrichts klar. Jetzt kann man aber diese gleichen Chancen auch mit Zahlen beschreiben.
Die nächste Aufgabe wird bereits mit dem Wort Wahrscheinlichkeit formuliert.

Aufgabe
Ein Glücksrad besteht aus zehn gleich großen Sektoren. Das Rad wird einmal gedreht.
Jene Zahl, auf die der Pfeil zeigt, gewinnt.
Mit welcher Wahrscheinlichkeit gewinnt
a) die Zahl 1 **b)** die Zahl 2 **c)** die Zahl 3
d) die Zahl 4 **e)** die Zahl 5?

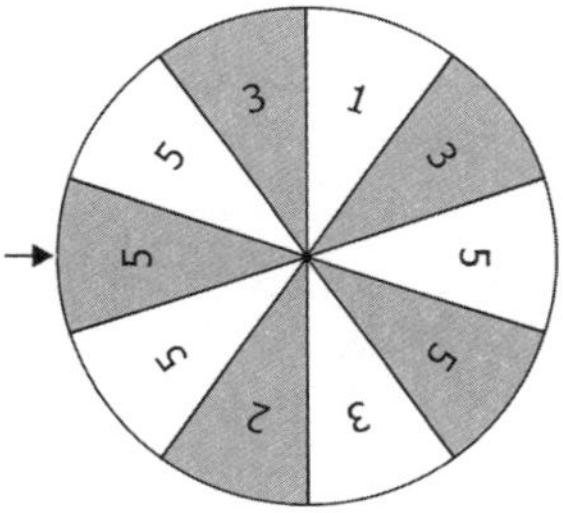

Lösung
a) $\frac{1}{10} = 0{,}1$ **b)** $\frac{1}{10} = 0{,}1$ **c)** $\frac{3}{10} = 0{,}3$
d) $\frac{0}{10} = 0$ **e)** $\frac{5}{10} = 0{,}5$

Die Lehrperson thematisiert jetzt kurz das bekannte Spiel „Mensch ärgere dich nicht". Es wird dabei folgender Aspekt hervorgehoben:
Man weiß nicht, welche Augenzahl bei den einzelnen Würfen fällt. Dies hängt vom Zufall ab und dadurch wird das Spiel spannend. Bei den allermeisten Spielen spielt der Zufall eine wichtige Rolle. Würden wir nämlich von Anfang an wissen, wie ein Spiel ausgeht, wäre es völlig uninteressant.

10.2 Die korrekte Deutung einer Wahrscheinlichkeit

Es wird nun in Gruppenarbeit ein Experiment durchgeführt. Dazu bilden die Lernenden Dreiergruppen. Jede Gruppe erhält von der Lehrperson eine 1 € Münze. Während das Experiment läuft, schreibt die Lehrperson die Gruppen an die Tafel und ergänzt nach der Versuchsdurchführung die jeweiligen Ergebnisse.
Arbeitsauftrag: Werft die Münze insgesamt 10-mal und notiert, wie oft Kopf gefallen ist.

Lösung

Bei insgesamt 30 Lernenden wäre folgendes Ergebnis möglich:

Gruppe 1: $\frac{4}{10} = 0{,}4$	Gruppe 6: $\frac{5}{10} = 0{,}5$
Gruppe 2: $\frac{7}{10} = 0{,}7$	Gruppe 7: $\frac{8}{10} = 0{,}8$
Gruppe 3: $\frac{5}{10} = 0{,}5$	Gruppe 8: $\frac{4}{10} = 0{,}4$
Gruppe 4: $\frac{3}{10} = 0{,}3$	Gruppe 9: $\frac{2}{10} = 0{,}2$
Gruppe 5: $\frac{6}{10} = 0{,}6$	Gruppe 10: $\frac{4}{10} = 0{,}4$

Die Lehrperson thematisiert nun folgenden Aspekt:
Laut Theorie ist die Wahrscheinlichkeit für Kopf $\frac{1}{2} = 0{,}5$ oder 50 %.
Wieso wurde dieses Ergebnis durch die Experimente nur in einigen Fällen bestätigt?
Und wieso erhielten wir mehrere unterschiedliche Ergebnisse?
Die Erfahrungswerte aus der Prozentrechnung können eine falsche Deutung weiter verstärken.
$\frac{1}{2} = 50\,\%$ bedeutet die Hälfte und die Hälfte von 10 ist 5. Aber 5 Köpfe sind nur von zwei Gruppen geworfen worden.
Etwas zugespitzt formuliert:
Was bringt uns eine Wahrscheinlichkeit, wenn sie bloß eine Zahl ohne Gewähr ist?
Nach einer Diskussionsrunde wird das Wichtigste auch schriftlich festgehalten:
Gut zu wissen: Eine Wahrscheinlichkeit gibt nur einen *Trend* an und erlaubt *keine genaue Vorhersage.* Trotzdem ist sie *aussagekräftig.* Denn langfristig setzt sich der Trend durch. Um den langfristigen Trend zu untersuchen, kann man Folgendes tun:
Wie sieht das Ergebnis aus, wenn wir die Würfe aller Gruppen addieren?
Bei den dargestellten Zahlenbeispielen gilt:
Insgesamt wurde $10 \cdot 10 = 100$-mal eine Münze geworfen.
Davon waren $4 + 7 + 5 + 3 + 6 + 5 + 8 + 4 + 2 + 4 = 48$ Kopf.
Der Gesamtanteil ist also $\frac{48}{100} = 0{,}48$
Innerhalb der Gruppen waren die Abweichungen von 0,5 teils sehr groß.
Erhöht man die Anzahl der Würfe von 10 auf 100, erhält man einen guten Näherungswert für $0{,}5 = \frac{1}{2}$.
Anmerkung: Der Anteil der günstigen Fälle aus allen möglichen Fällen heißt **relative Häufigkeit.**
Vorteil: Die Klasse erfährt durch eine aktive Beteiligung die korrekte Deutung einer Wahrscheinlichkeit. Die Lernenden spüren intuitiv das Gesetz der großen Zahlen und wissen auch, was eine relative Häufigkeit ist.

10.3 Zufallsexperiment, Ereignis

Da die Klasse mehrere Beispiele kennt, kann die Lehrperson nun weitere Begriffe und Bezeichnungen einführen.

Ein Experiment, dessen Ausgang vom Zufall abhängt, heißt **Zufallsexperiment.**

Beispiel 1: Würfeln mit einem Spielwürfel

Beispiel 2: Eine Münze werfen

Ein **Ereignis** setzt sich aus einem oder mehreren Ausgängen eines Zufallsexperiments zusammen.

Ereignisse werden mit großen Buchstaben bezeichnet.

Beispiele

A: Beim Würfeln mit einem Spielwürfel fällt eine 4 oder eine 5.

B: Beim Werfen einer Münze fällt Kopf.

Bezeichnung: P (E) steht für die Wahrscheinlichkeit des Ereignisses E.

Für die obigen Beispiele gilt:

$P(A) = \frac{2}{6} = \frac{1}{3}$ und $P(B) = \frac{1}{2}$

E heißt **sicheres Ereignis,** wenn **P (E) = 1.**

E heißt **unmögliches Ereignis,** wenn **P (E) = 0.**

Mit der Einführung der Fachterminologie ist man an einem psychologisch kritischen Punkt angelangt. Denn diese ist für viele Lernenden nichtssagend. Man kann nun eine Art „doppelte Buchführung" anbieten: Eine verständliche Schülersprache und eine korrekte Mathematikersprache.

Einige Möglichkeiten hierfür:

Schülersprache	**Mathematikersprache**
Man weiß es nicht vorher.	Zufallsexperiment
Chance	Wahrscheinlichkeit
Wunsch	Ereignis
völlig ausgeschlossen	unmögliches Ereignis
hundert Pro	sicheres Ereignis
oder aber auch	
Weiß der Kuckuck.	Zufallsexperiment
Möglichkeit	Wahrscheinlichkeit
Traum	Ereignis
Das kann gar nicht sein!	unmögliches Ereignis
Man kann Gift draufnehmen.	sicheres Ereignis

Vorteil: Man baut eine Brücke zwischen den zwei Denkweisen.

Ansprache an die Klasse: Eine *eigene Schülersprache ist sinnvoll,* denn so könnt ihr viel besser verstehen, worum es geht. Sie ist aber je nach Person

unterschiedlich und ist daher manchmal vielleicht unklar oder leicht *missverständlich.*
Die *Mathematikersprache* ist hingegen *einheitlich* und damit *für alle klar* und *eindeutig.*
Jeder *darf* in seiner *eigenen Sprache denken* – und ihr solltet dies auch tun. So kommt ihr häufig besser voran. Bei einer Arbeit oder Prüfung müsst ihr aber am Ende alles in die einheitliche *Mathematikersprache* übersetzen und es so wiedergeben – damit jeder genau versteht, was ihr meint.

10.4 Baumdiagramm, Pfadregeln

Die Pfadregeln werden von der Klasse selbst entdeckt.

Aufgabe

Eine Münze wird dreimal geworfen. Ermittle die Wahrscheinlichkeiten der Ereignisse:
A: Es fällt dreimal Kopf.
B: Es fällt dreimal dieselbe Seite.
C: Es fällt genau zweimal Kopf.

Lösung

Da die Münze dreimal geworfen wird, sind die möglichen Ausgänge Tripel wie z. B. KKK, KKZ. Die Reihenfolge spielt dabei eine Rolle, denn KKZ ist zum Beispiel nicht dasselbe wie KZK.
Durch **systematisches Probieren** kann man alle möglichen Fälle ermitteln. Diese sind:

KKK	ZKK
KKZ	ZKZ
KZK	ZZK
KZZ	ZZZ

Es gibt also **8** mögliche Fälle.
Bei A gibt es 1 günstigen Fall, nämlich KKK. Daher ist $P(A) = \frac{1}{8}$.
Bei B gibt es 2 günstige Fälle, KKK und ZZZ. Damit ist $P(B) = \frac{2}{8} = \frac{1}{4}$.
Bei C gibt es 3 günstige Fälle, KKZ, KZK und ZKK. also ist $P(C) = \frac{3}{8}$.

Baumdiagramm
Die Lehrperson fertigt ein Baumdiagramm an und erläutert es.
Vorteil: Alle Pfade sind aus der Lösung der Aufgabe bekannt, sie werden nun veranschaulicht. Durch das Baumdiagramm erhält man einen Gesamtüberblick.

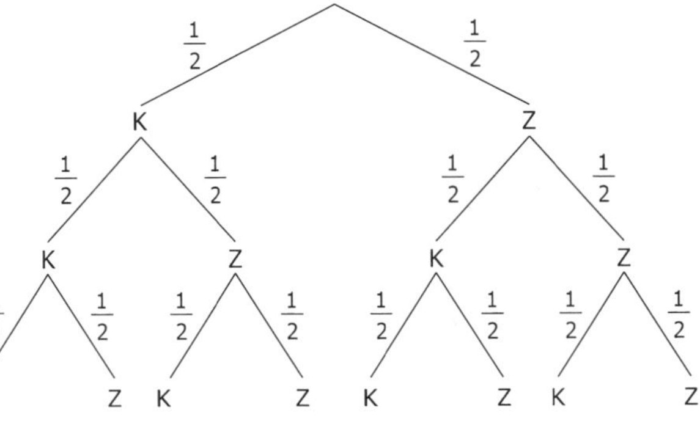

Dass die Reihenfolge eine Rolle spielt, kann man nun auch anschaulich nachvollziehen: KKZ und KZK sind zum Beispiel zwei unterschiedliche Pfade.
Die Lernenden können nun die Pfadregeln selbst entdecken. Dazu greift die Lehrperson auf die drei Ereignisse aus der Aufgabe zurück.
Jene Pfade, die die günstigen Fälle darstellen, können auch mit einer Farbe markiert werden (hier fett hervorgehoben).
Ereignis A:

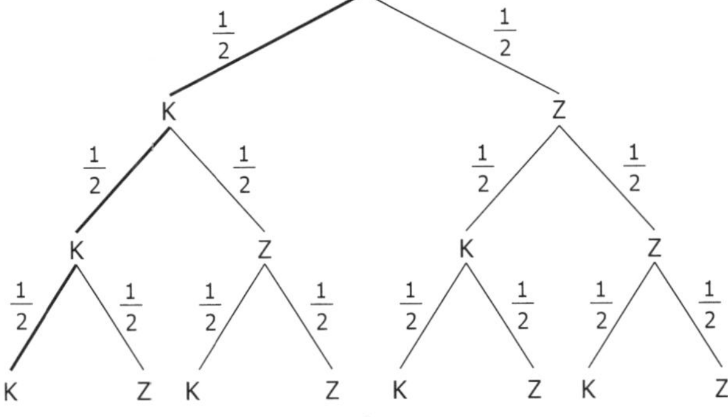

Ereignis B:

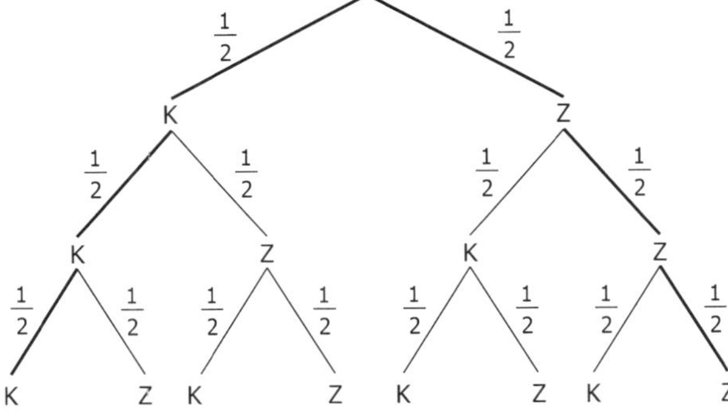

Ereignis C:

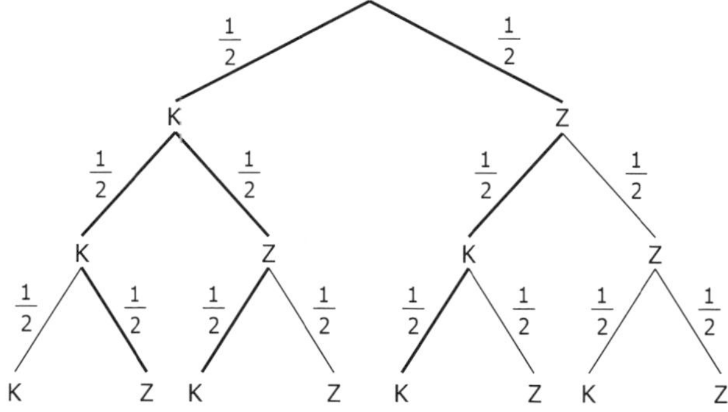

Die Lehrperson schreibt die Pfade, die dazugehörigen Wahrscheinlichkeiten sowie die Ergebnisse an die Tafel:

$P(A) = \underset{K}{\frac{1}{2}} \quad \underset{K}{\frac{1}{2}} \quad \underset{K}{\frac{1}{2}} = \frac{1}{8}$ $\qquad$ $P(B) = \underset{K}{\frac{1}{2}} \quad \underset{K}{\frac{1}{2}} \quad \underset{K}{\frac{1}{2}} \quad \underset{Z}{\frac{1}{2}} \quad \underset{Z}{\frac{1}{2}} \quad \underset{Z}{\frac{1}{2}} = \frac{2}{8}$

$P(C) = \underset{K}{\frac{1}{2}} \quad \underset{K}{\frac{1}{2}} \quad \underset{Z}{\frac{1}{2}} \quad \underset{K}{\frac{1}{2}} \quad \underset{Z}{\frac{1}{2}} \quad \underset{K}{\frac{1}{2}} \quad \underset{Z}{\frac{1}{2}} \quad \underset{K}{\frac{1}{2}} \quad \underset{K}{\frac{1}{2}} = \frac{3}{8}$

Arbeitsauftrag: Welche Grundrechenarten müssen zwischen den Brüchen stehen, damit das jeweilige Ergebnis bestätigt wird?
Es ist davon auszugehen, dass viele Lernende die Lösung in kurzer Zeit herausfinden.

$P(A) = \underset{K}{\frac{1}{2}} \cdot \underset{K}{\frac{1}{2}} \cdot \underset{K}{\frac{1}{2}} = \frac{1}{8}$ $\qquad$ $P(B) = \underset{K}{\frac{1}{2}} \cdot \underset{K}{\frac{1}{2}} \cdot \underset{K}{\frac{1}{2}} + \underset{Z}{\frac{1}{2}} \cdot \underset{Z}{\frac{1}{2}} \cdot \underset{Z}{\frac{1}{2}} = \frac{2}{8}$

$P(C) = \underset{K}{\frac{1}{2}} \cdot \underset{K}{\frac{1}{2}} \cdot \underset{Z}{\frac{1}{2}} + \underset{K}{\frac{1}{2}} \cdot \underset{Z}{\frac{1}{2}} \cdot \underset{K}{\frac{1}{2}} + \underset{Z}{\frac{1}{2}} \cdot \underset{K}{\frac{1}{2}} \cdot \underset{K}{\frac{1}{2}} = \frac{3}{8}$

Vorteil: Die Klasse entdeckt die Pfadregeln selbstständig. Sie werden in das bekannte Umfeld einer Aufgabe eingebettet.
Die Klasse erfährt, dass sie wichtige Regeln entdeckt haben. Diese werden nun formuliert.

Pfadregeln

Entlang eines Pfades werden die Wahrscheinlichkeiten multipliziert.
Muss man mehrere Pfade berücksichtigen, werden die jeweiligen Produkte addiert.
Beim Ereignis A kommt die erste Regel vor, bei B und C beide Regeln.

Aufgabe

In einer Urne liegen 3 grüne und 5 rote Kugeln. Es werden zwei Kugeln ohne Zurücklegen gezogen. Zeichne ein Baumdiagramm und ermittle die Wahrscheinlichkeit folgender Ereignisse:

A: Es werden eine rote und eine grüne Kugel gezogen.
B: Es werden zwei gleichfarbige Kugeln gezogen.

Lösung
Baumdiagramm:

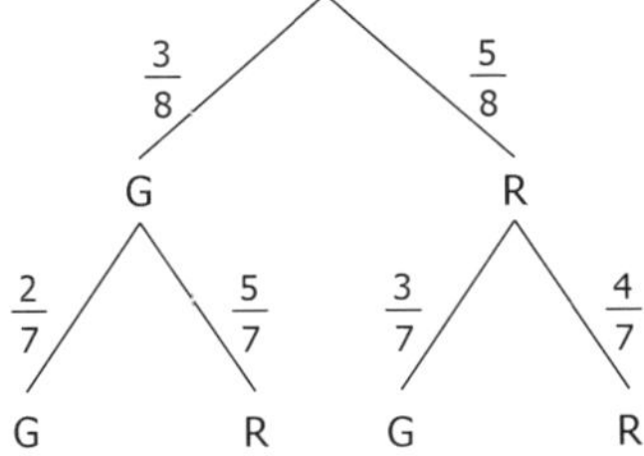

Wahrscheinlichkeiten

$$P(A) = \underset{R}{\frac{5}{8}} \cdot \underset{G}{\frac{3}{7}} + \underset{G}{\frac{3}{8}} \cdot \underset{R}{\frac{5}{7}} = \frac{15}{28}$$

$$P(B) = \underset{R}{\frac{5}{8}} \cdot \underset{R}{\frac{4}{7}} + \underset{G}{\frac{3}{8}} \cdot \underset{G}{\frac{2}{7}} = \frac{13}{28}$$

Bis jetzt ging man davon aus, dass der Ansatz
„Anteil der günstigen Fälle an den möglichen Fällen"
allgemein gilt. Dies ist jedoch nur bei Gleichverteilungen korrekt.
Diesen Aspekt kann die Lehrperson nun mit Hilfe der vorherigen Aufgabe thematisieren.

Alternativlösung zu P (A)
Bei diesem Experiment gibt es die folgenden möglichen Fälle:
RR, RG, GR, GG
Insgesamt sind es also 4 mögliche Fälle.
Für das Ereignis A gibt es 2 günstige Fälle, nämlich RG und GR.
Damit gilt:
$P(A) = \frac{2}{4} = \frac{1}{2} = 0{,}5$
Ein Vergleich mit dem ersten Lösungsweg zeigt aber:
$\frac{1}{2} = 0{,}5$ und $\frac{15}{28} \approx 0{,}54$ sind *nicht gleich.*
Wie kann das sein?
Bei der Entdeckung der Pfadregeln lieferten beide Ansätze dasselbe Ergebnis. Desto berechtigter ist nun die Frage, warum dies plötzlich anders ist. Um Klarheit zu schaffen, kann man zunächst die Wahrscheinlichkeiten der vier Ausgänge berechnen.

$$P(RR) = \underset{R}{\frac{5}{8}} \cdot \underset{R}{\frac{4}{7}} = \frac{20}{56},\ P(RG) = \underset{R}{\frac{5}{8}} \cdot \underset{G}{\frac{3}{7}} = \frac{15}{56},$$

$$P(GR) = \underset{G}{\frac{3}{8}} \cdot \underset{R}{\frac{5}{7}} = \frac{15}{56},\ P(GG) = \underset{G}{\frac{3}{8}} \cdot \underset{G}{\frac{2}{7}} = \frac{6}{56}$$

Die vier Ausgänge sind **nicht gleichwahrscheinlich.** Dies ist der Grund, warum der Ansatz mit den günstigen und möglichen Fällen zu einem falschen Ergebnis führt.
Man kann erwähnen, dass beim dreimaligen Wurf einer Münze alle Pfade gleichwahrscheinlich sind. Jeder Pfad hat die Wahrscheinlichkeit
$\frac{1}{2} \cdot \frac{1}{2} \cdot \frac{1}{2} = \frac{1}{8}$
Nach dem Unterrichtsgespräch sollte das Wichtigste auch schriftlich festhalten werden:

Gut zu wissen:
Der Ansatz
„Anteil der günstigen Fälle an allen möglichen Fällen“
ist nur bei **Gleichverteilungen** korrekt.
Die **Pfadregeln** sind jedoch *allgemein gültig*, auch wenn *keine Gleichverteilung* vorliegt.

Vorteil: Die Lernenden erfahren an einer gelösten Aufgabe, dass der Ansatz mit den günstigen und möglichen Fällen nicht immer gültig ist. Die Abgrenzung ist klar und nachvollziehbar. Gleichzeitig wird die Stärke der Pfadregeln hervorgehoben.

TIPP: Im Zweifelsfall arbeite lieber mit den Pfadregeln.

Arbeitsauftrag
Löse die vorherige Aufgabe, wenn nach dem Ziehen die Kugel wieder in die Urne zurückgelegt wird.

Lösung
Baumdiagramm

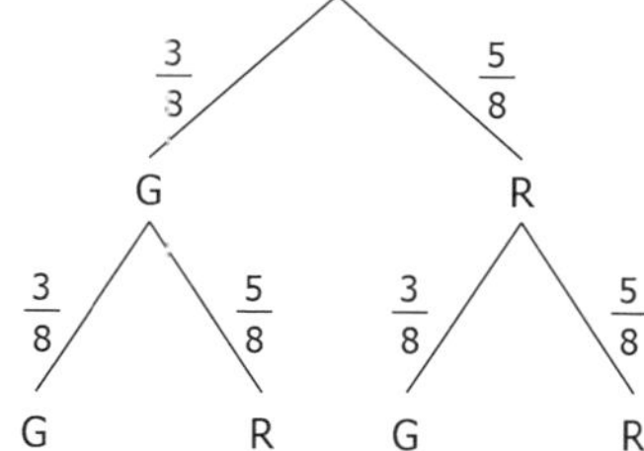

Wahrscheinlichkeiten

$$P(A) = \underset{R}{\frac{5}{8}} \cdot \underset{G}{\frac{3}{8}} + \underset{G}{\frac{3}{8}} \cdot \underset{R}{\frac{5}{8}} = \frac{15}{32}$$

$$P(B) = \underset{R}{\frac{5}{8}} \cdot \underset{R}{\frac{5}{8}} + \underset{G}{\frac{3}{8}} \cdot \underset{G}{\frac{3}{8}} = \frac{17}{32}$$

Der Unterschied zwischen *Ziehen ohne Zurücklegen* und *Ziehen mit Zurücklegen* kann anhand dieser Aufgaben thematisiert werden.

Quadratische Gleichungen

11

Vorbemerkung: Die meisten Schulbücher arbeiten entweder mit der pq-Formel oder mit der abc-Formel. Dieser Beitrag hat eine andere Philosophie. Das Autorenteam zeigt sowohl die pq-Formel als auch die abc-Formel. Die Lernenden erleben Vorteile und Nachteile der zwei Formeln an ausgewählten Beispielen. Anschließend entscheiden die Lernenden selbst, mit welcher Formel sie arbeiten möchten.

11.1 Quadratische Gleichungen der Form $x^2 = d$

Beispiel 1

$x^2 = 4$

$x_{1,2} = \pm\sqrt{4}$

$x_{1,2} = \pm 2$

Probe: $2^2 = 4$ stimmt und $(-2)^2 = 4$ stimmt ebenfalls.

Deutung: Die Gerade $y = 4$ schneidet die Normalparabel $y = x^2$ an zwei Stellen, siehe Abb. 11.1.

Vorteil: Der anschauliche Hintergrund führt zum besseren Verständnis.

Beispiel 2

$x^2 = 3$

$x_{1,2} = \pm\sqrt{3}$

Da man die Wurzel aus 3 nicht wie in Beispiel 1 ziehen kann, bleiben die genauen Lösungen in dieser Form mit dem Wurzelzeichen stehen.

Deutung: Die Gerade $y = 3$ schneidet die Normalparabel $y = x^2$ an zwei Stellen, siehe Abb. 11.2.

Vorteil: Der anschauliche Hintergrund erhöht die Akzeptanz der irrationalen Lösungen.

Anmerkung: Bei Bedarf kann man Näherungswerte ermitteln, die jedoch die exakten Lösungen $x_{1,2} \approx 1{,}732$ nicht ersetzen.

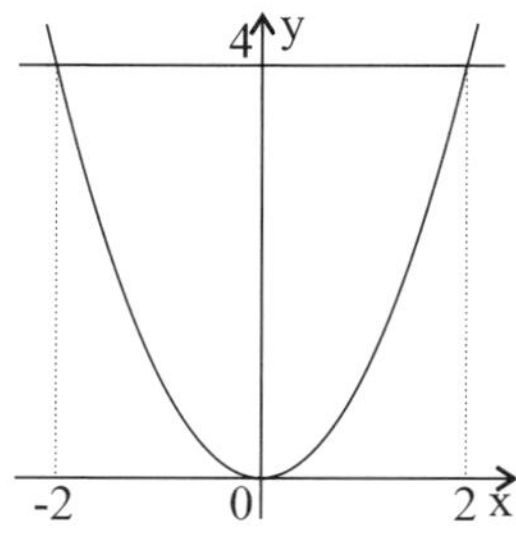

Abb. 11.1

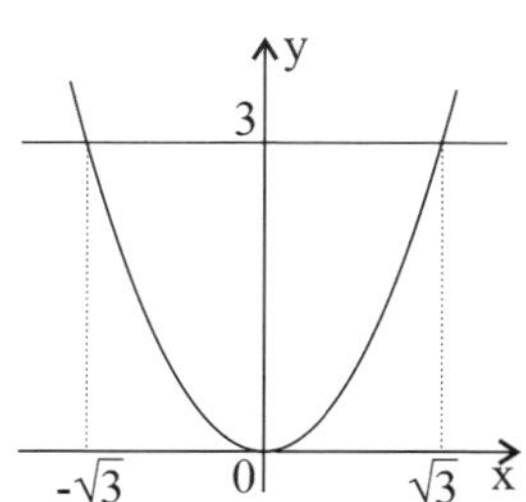

Abb. 11.2

Beispiel 3

$x^2 = 0$

$x_{1,2} = \pm\sqrt{0}$

$x = 0$

Alternativlösung

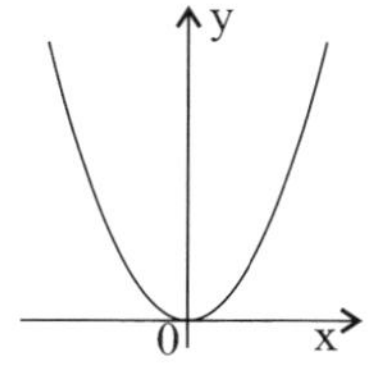

$x^2 = 0$

$x \cdot x = 0$

Mit dem Satz vom Nullprodukt folgt

$x = 0$ oder $x = 0$

also $x = 0$

Deutung: Die Gerade $y = 0$, die identisch mit der x-Achse ist, berührt die Parabel $y = x^2$ im Ursprung.

Vorteil: Der anschauliche Hintergrund führt zum besseren Verständnis.

Beispiel 4

$x^2 = -2$

$x_{1,2} = \pm\sqrt{(-2)}$ geht *nicht,* da unter der Quadratwurzel keine negative Zahl stehen kann. Die Gleichung hat keine Lösung.

Alternativlösung

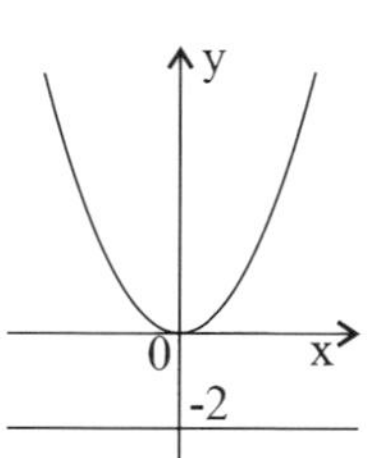

$x^2 = -2$

Die linke Seite ist als Quadratzahl positiv, die rechte Seite ist aber negativ. Das geht nicht, daher keine Lösung.

Tatsächlich, $x^2 = x \cdot x$ und „plus mal plus ist plus“ sowie „minus mal minus ist ebenfalls plus“.

Deutung: Die Gerade $y = -2$ schneidet die Normalparabel $y = x^2$ nicht.

Vorteil: Der anschauliche Hintergrund führt zum besseren Verständnis.

11.2 Allgemeine quadratische Gleichungen

Beispiel 5

$(x + 2)^2 = 9$

$x + 2 = \pm\sqrt{9}$

Vorteil: Man nutzt den Ansatz von 11.1

Anmerkung: Es könnte sein, dass für einige Lernenden die Transferleistung auf Grund der Klammer problematisch ist. In diesem Fall kann die Lehrperson die Hilfsvariable $u = x + 2$ einführen und zunächst die Gleichung $u^2 = 9$ lösen lassen.

$x + 2 = \pm 3$

$x + 2 = 3$ oder $x + 2 = -3$

$x_1 = 1$ $\qquad x_2 = -5$

Die Lehrperson greift nun Beispiel 5 noch einmal auf. In der linken Spalte wird bei $(x + 2)^2 = 9$ zunächst die Klammer aufgelöst und die Gleichung auf die Form $x^2 + 4x - 5 = 0$ gebracht. In der rechten Spalte schreibt die Lehrperson die neue Gleichung $x^2 - 10x + 24 = 0$ neben der Gleichung $x^2 + 4x - 5 = 0$. Durch Rückwärtsdenken bringt die Klasse diese Gleichung auf die Form $(x - 5)^2 = 1$. Man arbeitet also hier von unten nach oben.

Beispiel 6

alte Gleichung ↓	neue Gleichung
$(x + 2)^2 = 9$	$(x - 5)^2 = 1$
$(x + 2)^2 - 9 = 0$	$(x - 5)^2 - 1 = 0$
$\underline{x^2 + 2 \cdot 2 \cdot x + 2^2} - 2^2 - 5 = 0$	$\underline{x^2 - 2 \cdot x \cdot 5 + 5^2} - 5^2 + 24 = 0$
$x^2 + 4x - 5 = 0$	↑ $x^2 - 10x + 24 = 0$

Vorteil: Man kann die Umformungen bei der neuen Gleichung gut nachvollziehen.

$(x - 5)^2 = 1$

$x - 5 = \pm 1$

$x - 5 = 1$ oder $x - 5 = -1$

$x_1 = 6$ $\qquad x_2 = 4$

11.3 Die pq-Formel

Die Lehrperson leitet die Formel mit aktiver Beteiligung der Klasse ab. Dazu führt man Umformungen an einer konkreten Gleichung und im allgemeinen Fall nebeneinander durch. Beim Beispiel rechnet die Lehrperson die Terme nicht aus, um die Struktur der Formel zu behalten.

Beispiel

$x^2 + 6x + 5 = 0$

$\underbrace{x^2 + 2 \cdot \frac{6}{2} \cdot x + \left(\frac{6}{2}\right)^2} - \left(\frac{6}{2}\right)^2 + 5 = 0$

$\left(x + \frac{6}{2}\right)^2 = \left(\frac{6}{2}\right)^2 - 5$

$x + \frac{6}{2} = \pm\sqrt{\left(\frac{6}{2}\right)^2 - 5}$

$x_{1,2} = -\frac{6}{2} \pm \sqrt{\left(\frac{6}{2}\right)^2 - 5}$

allgemeine Gleichung

$x^2 + px + q = 0$

$\underbrace{x^2 + 2 \cdot \frac{p}{2}x + \left(\frac{p}{2}\right)^2} - \left(\frac{p}{2}\right)^2 + q = 0$

$\left(x + \frac{p}{2}\right)^2 = \left(\frac{p}{2}\right)^2 - q$

$x + \frac{p}{2} = \pm\sqrt{\left(\frac{p}{2}\right)^2 - q}$

$x_{1,2} = -\frac{p}{2} \pm \sqrt{\left(\frac{p}{2}\right)^2 - q}$

Vorteil: Die Lernenden erfahren eine Herleitung der Formel an einer Gleichung mit Zahlen und parallel dazu allgemein. Man wendet dabei die bereits wiederholten quadratischen Ergänzungen an.

Anregung: Die Lehrperson sollte die Herleitung der Formel nicht abfragen.

Merke: Für eine quadratische Gleichung der Form $x^2 + px + q = 0$ gilt:

$x_{1,2} = -\frac{p}{2} \pm \sqrt{\left(\frac{p}{2}\right)^2 - q}$ **(pq-Formel)**

Anwendung 1

$x^2 - 4x - 5 = 0$

Mit $p = -4$ und $q = -5$ folgt:

$x_{1,2} = -\frac{p}{2} \pm \sqrt{\left(\frac{p}{2}\right)^2 - q}$

$x_{1,2} = -\frac{-4}{2} \pm \sqrt{(-2)^2 - (-5)}$

$x_{1,2} = 2 \pm \sqrt{9}$

$x_{1,2} = 2 \pm 3$

$x_1 = 2 + 3 = 5$ und $x_2 = 2 - 3 = -1$

Anwendung 2

$2x^2 + 7x - 4 = 0$

Um die Gleichung auf die Form $x^2 + px + q = 0$ zu bringen, muss man sie zunächst durch 2 teilen.

$x^2 + \frac{7}{2}x - 2 = 0$

Mit $p = \frac{7}{2}$ und $q = -2$ folgt:

$x_{1,2} = -\frac{7}{4} \pm \sqrt{\left(\frac{7}{4}\right)^2 - (-2)}$

Nebenrechnung: $\left(\frac{7}{4}\right)^2 - (-2) = \frac{49}{16} + 2 = \frac{49 + 2 \cdot 16}{16} = \frac{81}{16}$

$x_{1,2} = -\frac{7}{4} \pm \sqrt{\frac{81}{16}} = -\frac{7}{4} \pm \frac{9}{4}$

$x_1 = -\frac{7}{4} + \frac{9}{4} = \frac{2}{4} = \frac{1}{2}$ und $x_2 = -\frac{7}{4} - \frac{9}{4} = -\frac{16}{4} = -4$

11.4 Die abc-Formel

Das Autorenteam bietet eine Möglichkeit an, die abc-Formel selbst herzuleiten. Zunächst erklärt die Lehrperson, dass vor x^2 nicht immer die Zahl 1 stehen muss. Die Lernenden werden nun für diesen Fall eine Formel entdecken:

$ax^2 + bx + c = 0 \quad | \, a \neq 0$ (da für a = 0 nicht quadratisch)

$x^2 + \frac{b}{a}x + \frac{c}{a} = 0$

Mit $p = \frac{b}{a}$ und $q = \frac{c}{a}$ folgt:

$$x_{1,2} = -\frac{p}{2} \pm \sqrt{\left(\frac{p}{2}\right)^2 - q}$$

$$x_{1,2} = -\frac{b}{2a} \pm \sqrt{\left(\frac{b}{2a}\right)^2 - \frac{c}{a}}$$

Nebenrechnung: $\left(\frac{b}{2a}\right)^2 - \frac{c}{a} = \frac{b^2}{4a^2} - \frac{c}{a} = \frac{b^2 - 4ac}{4a^2}$

$$x_{1,2} = -\frac{b}{2a} \pm \sqrt{\frac{b^2 - 4ac}{4a^2}} = -\frac{b}{2a} \pm \frac{\sqrt{b^2 - 4ac}}{2a} = \frac{-b \pm \sqrt{b^2 - 4ac}}{2a}$$

$$x_{1,2} = \frac{-b \pm \sqrt{b^2 - 4ac}}{2a}$$

ist die sogenannte **abc-Formel.**

Sie gilt für Gleichungen der Form $ax^2 + bx + c = 0$, $a \neq 0$.

Vorteil: Die Lernenden erleben, wie aus der alten Formel eine neue Formel entsteht.

Anwendung

Löse die Gleichung $2x^2 - 6x - 8 = 0$ mit der abc-Formel.

Lösung

Mit a = 2, b = –6 und c = –8 folgt:

$$x_{1,2} = \frac{-(-6) \pm \sqrt{(-6)^2 - 4 \cdot 2 \cdot (-8)}}{2 \cdot 2}$$

$$x_{1,2} = \frac{6 \pm \sqrt{36 + 64}}{4} = \frac{6 \pm \sqrt{100}}{4} = \frac{6 \pm 10}{4}$$

$x_1 = \frac{6+10}{4} = \frac{16}{4} = 4$ und $x_2 = \frac{6-10}{4} = \frac{-4}{4} = -1$

11.5 pq-Formel oder abc-Formel?

Die ehrliche Antwort auf diese Frage lautet: „Es kommt darauf an." Die Lehrperson wendet beide Formeln an zwei ausgewählten Beispielen an.

Beispiel 7

$x^2 - 2x - 8 = 0$

Lösung mit der pq-Formel

$x_{1,2} = -\frac{p}{2} \pm \sqrt{\left(\frac{p}{2}\right)^2 - q}$

$x_{1,2} = -\frac{-2}{2} \pm \sqrt{(-1)^2 - (-8)}$

$x_{1,2} = 1 \pm \sqrt{9} = 1 \pm 3$

$x_1 = 1 + 3 = 4,\ x_2 = 1 - 3 = -2$

Lösung mit der abc-Formel

$x_{1,2} = \frac{-b \pm \sqrt{b^2 - 4ac}}{2a}$

$x_{1,2} = \frac{-(-2) \pm \sqrt{(-2)^2 - 4 \cdot 1 \cdot (-8)}}{2 \cdot 1}$

$x_{1,2} = \frac{2 \pm \sqrt{4 + 32}}{2} = \frac{2 \pm \sqrt{36}}{2} = \frac{2 \pm 6}{2}$

$x_1 = \frac{2+6}{2} = 4,\ x_2 = \frac{2-6}{2} = -2$

Diesmal führt die pq-Formel etwas schneller zum Ziel.

Beispiel 8

$2x^2 + 5x - 3 = 0$

Lösung mit der pq-Formel

$2x^2 + 5x - 3 = 0 \qquad |:2$

$x^2 + \frac{5}{2}x - \frac{3}{2} = 0$

$x_{1,2} = -\frac{5}{4} \pm \sqrt{\left(\frac{5}{4}\right)^2 - \left(-\frac{3}{2}\right)}$

$\left(\frac{5}{4}\right)^2 - \left(-\frac{3}{2}\right) = \frac{25}{16} + \frac{3}{2} = \frac{49}{16}$

$x_{1,2} = -\frac{5}{4} \pm \sqrt{\frac{49}{16}} = -\frac{5}{4} \pm \frac{7}{4}$

$x_1 = -\frac{5}{4} + \frac{7}{4} = \frac{2}{4} = \frac{1}{2}$ und $x_2 = -\frac{5}{4} - \frac{7}{4} = \frac{-12}{4} = -3$

Lösung mit der abc-Formel

$x_{1,2} = \frac{-b \pm \sqrt{b^2 - 4ac}}{2a}$

$x_{1,2} = \frac{-5 \pm \sqrt{5^2 - 4 \cdot 2 \cdot (-3)}}{2 \cdot 2}$

$x_{1,2} = \frac{-5 \pm \sqrt{25 + 24}}{4} = \frac{-5 \pm 7}{4}$

$x_1 = \frac{-5+7}{4} = \frac{1}{2},\ x_2 = \frac{-5-7}{4} = -3$

Diesmal führt die abc-Formel schneller zum Ziel.

Vorteil: Die Lernenden erfahren, dass mal die eine, mal die andere Formel schneller zum Ziel führt.

Sie sehen aber auch, dass beide Formeln zum gleichen Ergebnis führen.

Ab jetzt dürfen die Schülerinnen und Schüler frei entscheiden, welche Formel sie anwenden. Einige werden stets mit der abc-Formel, andere stets mit der pq-Formel arbeiten. Wiederum andere werden sich je nach Gleichung mal für die eine und mal für die andere Formel entscheiden.

Die Vorgehensweise des Autorenteams, sich nicht für eine der beiden Formeln zu entscheiden, mag Bedenken hervorrufen. Wir halten den Ansatz aus folgenden Gründen dennoch für sinnvoll:

Nach einer gemeinsamen Einführung wird jeder Lernende die Gleichungen alleine lösen. Dann ist es von Vorteil, wenn sich die Lernenden aus zwei gleichwertigen Formeln selbst jene aussuchen dürfen, die ihnen – warum auch immer – besser liegt. Dies erhöht auch die Akzeptanz der selbst gewählten Formel.
Zudem: In den Oberstufenkursen befinden sich in der Regel sowohl pq-Anwender als auch abc-Anwender.
Zum Schluss wird noch ein wichtiger Sonderfall betrachtet.

11.6 Quadratische Gleichungen mit nur x^2 und x

Die Lehrperson schreibt eine Gleichung, die sie mit aktiver Beteiligung der Klasse auf mehreren Arten löst, auf.

Beispiel 9

$x^2 + 4x = 0$

Lösung mit dem Nullprodukt

$x \cdot x + 4x = 0$

$x(x + 4) = 0$

$x = 0$ oder $x + 4 = 0$

$x_1 = 0 \qquad x_2 = -4$

Lösung mit der pq-Formel

$x^2 + 4x + 0 = 0$

$x_{1,2} = -\frac{4}{2} \pm \sqrt{2^2 - 0} = -2 \pm 2$

$x_1 = -2 + 2 = 0, x_2 = -2 - 2 = -4$

Lösung mit der abc-Formel

$x^2 + 4x + 0 = 0$

$x_{1,2} = \frac{-4 \pm \sqrt{4^2 - 4 \cdot 2 \cdot 0}}{2 \cdot 1}$

$x_{1,2} = \frac{-4 \pm \sqrt{16}}{2} = \frac{-4 \pm 4}{2}$

$x_1 = \frac{-4 + 4}{2} = 0, x_2 = \frac{-4 - 4}{2} = -4$

Vorteil: Die Lernenden erleben, dass alle drei Ansätze zum Ziel führen. Die Schülerinnen und Schüler dürfen den Lösungsansatz auch diesmal frei wählen. Der Lehrperson ist bewusst: Die Lösung mit dem Nullprodukt kommt zwar ohne Formel aus, setzt aber ein Umdenken voraus. Einigen Lernenden fällt dies leicht, andere wiederum haben Schwierigkeiten damit.
Anmerkung: Es gibt auch Schülerinnen und Schüler, die eine Gleichung der Form $x^2 = 4$ wie folgt lösen:
Sie schreiben die Gleichung als $x^2 + 0 \cdot x - 4 = 0$ und wenden eine Lösungsformel an.
Als Lehrperson sollte man diesen Ansatz zwar nicht empfehlen, ihn aber akzeptieren.

12 Binomische Formeln

Vorbemerkung: Die binomischen Formeln werden in der Regel mit a und b eingeführt. Wenn jedoch statt a und b andere Variablen oder Terme erscheinen, kann dies für einige Lernende verwirrend sein. Um dies zu vermeiden, baut dieser Beitrag auf das **strukturelle Denken.**

12.1 Binomische Formeln

Die Herleitung der Formeln geht vergleichsweise schnell.

1. binomische Formel:
$(a + b)^2 = (a + b)(a + b) = a^2 + ab + ba + b^2 = a^2 + 2ab + b^2$
Also
$(a + b)^2 = a^2 + 2ab + b^2$

2. binomische Formel:
$(a - b)^2 = (a - b)(a - b) = a^2 - ab - ba + b^2 = a^2 - 2ab + b^2$
Also
$(a - b)^2 = a^2 - 2ab + b^2$

3. binomische Formel:
$(a + b)(a - b) = a^2 - ab + ba + b^2 = a^2 - b^2$
Also
$(a + b)(a - b) = a^2 - b^2$
Vorteil: Die Lernenden leiten die binomischen Formeln selbst her.

Anwendungen
$(a - x)^2 = a^2 - 2ax + x^2$
$(3 + b)^2 = 3^2 + 2 \cdot 3 \cdot b + b^2 = 9 + 6b + b^2$
$(a + 5)(a - 5) = a^2 - 5^2 = a^2 - 25$

Es scheint alles problemlos zu funktionieren. Bis man auf ein solches Beispiel stößt:
$(b + 3x^2)^2 = ?$

Einige Lernende werden verunsichert und stellen Fragen wie:
Was ist nun a? Wenn b = a, warum heißt es b und nicht a?
Was ist nun b? Der ganze Term $3x^2$ oder nur ein Teil davon?
Außerdem: Warum haben wir hier an zwei Stellen hoch zwei?
Um Klarheit zu schaffen, wird nun die 1. binomische Formel folgendermaßen dargestellt:

$(\bigcirc + \Delta)^2 = \bigcirc^2 + 2 \cdot \bigcirc \cdot \Delta + \Delta^2$ (1. binomische Formel)

Vorteil: Die Struktur der Formeln wird erfasst. Man wird nicht „buchstabenabhängig".

Der Kreis und das Dreieck stehen für zwei beliebige Variablen oder Zahlen oder Terme. Was in der Klammer vor + steht, ist der Kreis, was danach kommt, ist das Dreieck.

Im letzten Beispiel ist $\bigcirc = b$ und $\Delta = 3x^2$. Damit folgt:

$(b + 3x^2)^2 = b^2 + 2 \cdot b \cdot 3x^2 + (3x^2)^2 = b^2 + 6bx^2 + 9x^4$

Es ist sinnvoll, den Zwischenschritt hinzuschreiben. Die Vereinfachungen erfolgen erst im Anschluss.

Ähnlich lassen sich auch die anderen zwei Formeln anders schreiben.

$(\bigcirc - \Delta)^2 = \bigcirc^2 - 2 \cdot \bigcirc \cdot \Delta + \Delta^2$ (2. binomische Formel)

$(\bigcirc + \Delta) \cdot (\bigcirc - \Delta) = \bigcirc^2 - \Delta^2$ (3. binomische Formel)

Jeder aus der Klasse kann ermutigt werden, die binomischen Formeln nach seinem Geschmack zu gestalten. Dabei werden der Phantasie der Lernenden keine Grenzen gesetzt. Anbei einige Beispiele aus dem Unterricht:

$(\text{dies} + \text{das}) \cdot (\text{dies} - \text{das}) = \text{dies}^2 - \text{das}^2$

$(\square - \otimes)^2 = \square^2 - 2 \cdot \square \cdot \otimes + \otimes^2$

$(\text{links} + \text{rechts})^2 = \text{links}^2 + 2 \cdot \text{links} \cdot \text{rechts} + \text{rechts}^2$

$(\diamond + \odot)(\diamond - \odot) = \diamond^2 - \odot^2$

$(\text{Blumen} - \text{Topf})^2 = \text{Blumen}^2 - 2 \cdot \text{Blumen} \cdot \text{Topf} + \text{Topf}^2$

$(\text{blöd} + \text{Mensch})^2 = \text{blöd}^2 + 2 \cdot \text{blöd} \cdot \text{Mensch} + \text{Mensch}^2$

Vorteil: Dadurch, dass die Schülerinnen und Schüler originelle Ausdrucksweisen finden, werden die Anwendungen persönlicher und somit auch einfacher. Außerdem wird so das **strukturelle Denken** geübt und vertieft.

Zusammengefasst

Einige Schülerinnen und Schüler kämen auch mit a und b klar. Sie haben die Struktur der Formeln vermutlich schon verinnerlicht und wären auf diese Zusatzangebote nicht angewiesen. Es kann ihnen aber trotzdem Spaß machen!

Andere Lernende hätten jedoch Schwierigkeiten, die binomischen Formeln mit a und b korrekt anzuwenden.

Das strukturelle Denken zu thematisieren ist ein Gewinn für die ganze Klasse.

12.2 Terme als Produkt darstellen (Faktorisieren)

Bei den binomischen Formeln aus 12.1 kann man die Terme auch ohne Formeln vereinfachen, indem man Klammer mal Klammer rechnet. Dies ist eine ernst zu nehmende Option, die vielleicht ein bisschen länger dauert, aber dafür weniger anfällig für Fehler ist.

Wenn man jedoch Terme als Produkt darstellen muss, so ist man auf die binomischen Formeln angewiesen.

Man liest von links nach rechts und denkt auch in diese Richtung. Für manche Lernende ist es nicht leicht, eine Formel „rückwärts zu denken". Dies muss aber nicht sein!

$$\overset{\rightarrow}{\underset{\leftarrow}{(\bigcirc + \Delta)^2 = \bigcirc^2 + 2 \cdot \bigcirc \cdot \Delta + \Delta^2}}$$

Jede Formel kann man stets in beide Richtungen auffassen.

Es ist sinnvoll, die drei Formeln zunächst umgestellt abzuschreiben:

$\bigcirc^2 + 2 \cdot \bigcirc \cdot \Delta + \Delta^2 = (\bigcirc + \Delta)^2$ (1. binomische Formel)

$\bigcirc^2 - 2 \cdot \bigcirc \cdot \Delta + \Delta^2 = (\bigcirc - \Delta)^2$ (2. binomische Formel)

$\bigcirc^2 - \Delta^2 = (\bigcirc + \Delta) \cdot (\bigcirc - \Delta)$ (3. binomische Formel)

Vorteil: Diese Schreibweise erleichtert die Anwendungen beim Faktorisieren.

Eine weitere Schwierigkeit besteht darin, dass die Quadrate meistens nicht als solche dargestellt sind. Die Klasse kann daher einen Tipp erhalten.

TIPP: Fange bei den „Rändern", also den beiden äußeren Termen an und schreibe sie als Quadrate.

Beispiel 1

$4x^2 - 12xy + 9y^2 = ?$

In einem *1. Schritt* schreibt man die „Ränder" als Quadrate.

$4x^2 = (2x)^2$ und $9y^2 = (3y)^2$

In einem *2. Schritt* prüft man den mittleren Teil:

$2 \cdot 2x \cdot 3y = 12xy$ ✓

Damit gilt:

$4x^2 - 12xy + 9y^2 = (2x)^2 - 2 \cdot 2x \cdot 3y + (3y)^2 = (2x - 3y)^2$

Vorteil: Die Lernenden kennen nun einen ziemlich allgemeinen Ansatz. Eine solche ausführliche Erklärung ist nur bei den ersten Beispielen sinnvoll. Nach einer gewissen Zeit erfolgen die Umformungen dann zügig „am Stück".

Beispiel 2

$25x^2 + 60xy + 16y^2 = ?$

$25x^2 = (5x)^2$ und $16y^2 = (4y)^2$, aber $2 \cdot 5x \cdot 4y = 40xy$ und es stimmt *nicht,* denn 40xy ist *nicht* 60xy.

Deutung: $25x^2 + 60xy + 16y^2$ kann man nicht als Produkt schreiben.

12.3 Ein kurzer Blick über den Tellerrand hinaus

Bei den binomischen Formeln geht es vor allem darum, bestimmte Formeln korrekt anzuwenden. Dies verlangt keine Kreativität, man muss nur die Rechentechnik beherrschen. Umso wichtiger wäre es zumindest kurz aufzuzeigen, dass es auch Ausnahmen gibt.

Aufgabe

Verwandle in ein Produkt: $x^4 + 4$

Lösung

$x^4 + 4 = x^4 + 4x^2 + 4 - 4x^2 = (x^2 + 2)^2 - (2x)^2 = (x^2 + 2 - 2x)(x^2 + 2 + 2x)$

13 Lineare Gleichungssysteme

Vorbemerkung: Die Lernenden erfahren zunächst an einem Beispiel, was die Lösung eines Gleichungssystems mit zwei Gleichungen und zwei Variablen ist. Beim Einsetzungsverfahren zeigt das Autorenteam einen originellen Ansatz. Anschließend werden das Gleichsetzungsverfahren sowie der zeichnerische Lösungsweg dargestellt. Schließlich folgen Gleichungssysteme, die keine Lösung oder unendlich viele Lösungen haben.

13.1 Einführung

Beispiel 1

I. $x + y = 5$

II. $2x - y = 4$

Finde je eine Zahl für x und y, so dass die Rechnung in beiden Gleichungen aufgeht!

Hinweis: Es handelt sich um kleine ganze Zahlen.

In der Regel finden einige der Lernenden schnell $x = 3$ und $y = 2$.

Die Lehrperson führt nun die Probe durch:

I. $3 + 2 = 5$ ✓

II. $2 \cdot 3 - 2 = 4$ ✓

Vorteil: Die Lernenden haben an einem Beispiel erfahren, was die Lösung eines Gleichungssystems mit zwei Gleichungen und zwei Variablen ist. In einem Unterrichtsgespräch erklärt die Lehrperson: Gesucht sind x und y.

Aufgabe 1

Zeige, dass $x = 13$, $y = -8$ die Lösung dieses Gleichungssystems ist:

I. $3x + y = 31$

II. $x - 4y = 45$

Probe:

$x = 13$ und $y = -8$ in I:

$3 \cdot 13 + (-8) = 31$

$39 - 8 = 31$ ✓

$x = 13$ und $y = -8$ in II:

$13 - 4 \cdot (-8) = 45$

$13 + 32 = 45$ ✓

Vorteil: Die Lernenden spüren, dass man sich bei einer Lösung wie $x = 13$, $y = -8$ auf Raten nicht verlassen kann. Man braucht andere Methoden.

13.2 Das Einsetzungsverfahren

Die Lehrperson thematisiert anhand des letzten Gleichungssystems, dass man starke und zielführende Ansätze braucht. Man greift noch einmal das Gleichungssystem aus Aufgabe 1 auf.

Beispiel 2

I. $3x + y = 31$
II. $x - 4y = 45$
Die Lehrperson betont: Wir wissen bereits, dass $x = 13$ und $y = -8$ ist.
Unser Ziel ist es nun, diese Zahlen rechnerisch zu ermitteln.

Lösung

In jeder Gleichung kommen zwei Variablen vor. Man kann daher keine der Gleichungen so lösen, wie eine Gleichung mit nur einer Variablen. Man kann aber eine Gleichung nach einer Variablen umstellen.
Vorteil: Dieser Ansatz ist aus der Physik bekannt.
$3x + y = 31 \quad | -3x$
$y = 31 - 3x$
Die Lehrperson teilt der Klasse mit, dass sie nun „Mathe-Memory" spielen werden. Dazu nimmt sie ein Stück Papier, schreibt auf die eine Seite y und auf die andere Seite 31 – 3x. Sie hält das Papier so, dass die Klasse zunächst y sieht, dann dreht sie es um, damit die Klasse jetzt den Term 31 – 3x sieht.

$\boxed{\;y\;}$ $\boxed{31 - 3x}$

Vorteil: Das Memory-Spiel ist den meisten Lernenden bekannt, sie haben Erfahrungswerte damit. Das Einsetzungsverfahren wird intuitiv klar.
Nach dem Experiment bespricht die Lehrperson mit der Klasse, dass sie statt y überall den Term 31 – 3x einsetzen können.
Die Lehrperson kann dies auch anders hervorheben, indem sie den Term 31 – 3x sowie y in II. mit derselben Farbe umrahmt.
Anmerkung: Für einige der Lernenden ist es wichtig, dass sie ihre eigenen Steine für Mathe-Memory basteln. Die Lehrperson ermutigt daher die Klasse, dies zu tun. Man teilt dazu an Interessierte vorbereitete Papierstücke aus.
$y = 31 - 3x$ in II. ergibt:
II. $x - 4 \cdot 31 - 3x = 45$
Falls niemand merkt, dass die Klammer fehlt, fragt die Lehrperson:
„Was stimmt hier nicht ganz?"
Die Klammern werden nachher mit einer Farbe gesetzt:
$x - 4 \cdot (31 - 3x) = 45$

Dies wird so begründet: Mit 4 wird der ganze Term 31 – 3x mal genommen. Ohne die Klammer hätte man aber nur die 31 mal 4 genommen.
Die Lehrperson bespricht mit der Klasse: Es ist ein Durchbruch, dass man nun eine Gleichung mit nur einer Variablen hat. Diese wird wie gewohnt gelöst:

$x - 4 \cdot (31 - 3x) = 45$

$x - 124 + 12x = 45$

$13x = 169 \quad |: 13$

$x = 13$

Vorteil: Durch den bekannten x-Wert erlebt die Klasse einen Aha-Effekt.
Um y zu ermitteln, kann man bei $y = 31 - 3x$ statt x die Zahl 13 einsetzen.

$y = 31 - 3x = 31 - 3 \cdot 13 = 31 - 39 = -8$

$y = -8$

Vorteil: Durch den bekannten y-Wert erlebt die Klasse einen weiteren Aha-Effekt.
Die Lehrperson erklärt, wie man die Lösungsmenge schreibt:

$L = \{(13; -8)\}$

Anmerkung: Für einige der Lernenden ist es hilfreich, unterhalb der Zahlen x und y hinzuschreiben:

$L = \{(\underset{x}{13}; \underset{y}{-8})\}$

Die Lehrperson thematisiert: Man hätte I. auch nach x auflösen können:

$3x + y = 31 \quad |-y$

$3x = 31 - y \quad |: 3$

$x = \frac{31}{3} - \frac{y}{3}$

Dies wäre zwar mathematisch korrekt, aber wegen der Brüche ergäbe sich ein deutlich anspruchsvollerer Rechenweg.

Nun kann die Lehrperson den Unterricht durch einen mathematischen Aufsatz auflockern. Dieser ist ein Dialog zwischen den Schülern Charly und Charlix.

Charly: *Ich habe anders Mathe-Memory gespielt.*
Charlix: *Und zwar?!*
Charly: *Den Stein y = 31 – 3x habe ich bei I. umgedreht.*
3x + 31 – 3x = 31
Die Terme mit x hauen ab, es bleibt nur
31 = 31
Es ist ja nicht falsch, bringt aber nichts. Komisch …
Charlix: *Die Gleichung II. hast du völlig vergessen!*
Charly: *Ich kam nicht mehr dazu, denn x war plötzlich weg.*

Charlix: *Du drehst dich im Kreis bei I, daher kommst du nicht voran.*
Charly: *Also hätte ich den Stein y = 31 – 3x bei II umdrehen müssen?*
Charlix: *Unbedingt! Sonst fühlt sich doch die Gleichung II vernachlässigt …*
Charly: *Ah, so. Wie könnte ich mir diese Stolperfalle merken?*
Charlix: *Pass auf! I ist die Katze, II die Maus. Was du gemacht hast, das könnte man so zusammenfassen: „Die Katze hat, anstatt die Maus zu fangen, in ihren eigenen Schwanz gebissen."*
Charly. *Wow! Könnte ich noch anderswie schlauer werden?*
Charlix: *Klar! Du kannst keine Aufgabe lösen, wenn du nicht alle Angaben verwendet hast. Die Angaben sind hier die zwei Gleichungen.*

Vorteil: Die Klasse erfährt eine Sackgasse aus Schülerperspektive.
Die Lehrperson hat der Klasse die wichtigsten Stolperfallen bereits an Beispielen gezeigt.
Nun kann für das Einsetzungsverfahren ein Plan der Lösung formuliert werden.
Plan der Lösung für das Einsetzungsverfahren

1. Man sucht eine Gleichung mit einer alleinstehenden Variablen.
2. Man löst die Gleichung nach dieser Variablen auf.
3. Man setzt den entstandenen Term in die andere Gleichung ein.
4. Man löst diese Gleichung; so hat man die eine Variable gefunden.
5. Man setzt diese Variable in eine Gleichung ein und ermittelt so die zweite Variable.
6. Man schreibt die Lösungsmenge hin.

Aufgabe 2

Löse das bekannte Gleichungssystem, indem du II nach x auflöst.

I. $3x + y = 31$
II. $x - 4y = 45$

Lösung

$x - 4y = 45 \quad | + 4y$
$x = 4y + 45$
Eingesetzt in I:
$3(4y + 45) + y = 31$
$12y + 135 + y = 31$
$13y = -104 \quad | : 13$
$y = -8$
$x = 4y + 45 = 4 \cdot (-8) + 45 = -32 + 45 = 13$
Also $L = \{(13; -8)\}$

Vorteil: Das bekannte Ergebnis wurde noch einmal bestätigt. Die Klasse erlebt, dass verschiedene Lösungswege das richtige Ergebnis liefern.

Aufgabe 3

Löse das Gleichungssystem:

I. $2x - y = 3$

II. $x + 7y = 9$

Lösung

$2x - y = 3 \quad |-2x$

$-y = 3 - 2x \quad |\cdot(-1)$

$y = 2x - 3$

Eingesetzt in II:

$x + 7(2x - 3) = 9$

$x + 14x - 21 = 9$

$15x = 30$

$x = 2$

$y = 2x - 3 = 2 \cdot 2 - 3 = 4 - 3 = 1$

$L = \{(2; 1)\}$

Alternativlösung

$x + 7y = 9$

$x = 9 - 7y$

Eingesetzt in I:

$2(9 - 7y) - y = 3$

$18 - 14y - y = 3$

$-15y = -15$

$y = 1$

$x = 9 - 7y = 9 - 7 \cdot 1 = 2$

$x = 2$

$L = \{(2; 1)\}$

Aufgabe 4

Löse das Gleichungssystem:

I. $-5x + 2y = 30$

II. $6x + y = -2$

Lösung

$6x + y = -2$

$y = -2 - 6x$

Eingesetzt in I:

$-5x + 2(-2 - 6x) = 30$

$-5x - 4 - 12x = 30$
$-17x = 34$
$x = -2$
$y = -2 - 6x = -2 - 6 \cdot (-2) = -2 + 12 = 10$
$L = \{(-2; 10)\}$

13.3 Das Gleichsetzungsverfahren

Beispiel 3

I. $y = 3 - x$
II. $y = x - 1$

Lösung

Die Lehrperson spielt noch einmal Mathe-Memory. Auf zwei gleich große Blätter schreibt sie y und 3 – x bzw. y und x – 1. Nun legt sie die zwei Blätter aufeinander, sodass die Klasse zweimal y sieht. Sie sagt „y ist y" und schreibt an die Tafel:

$y = y$

Jetzt zeigt sie der Klasse die zwei Kehrseiten der Blätter und schreibt:

$3 - x = x - 1$
$2x = 4$
$x = 2$
$y = 3 - x = 3 - 2 = 1$
$L = \{(2; 1)\}$

Vorteil: Das Gleichsetzungsverfahren bereitet den Boden für das graphische Lösungsverfahren.

Aufgabe 5

Löse das Gleichungssystem durch das Gleichsetzungsverfahren:

I. $2x + y = 195$
II. $x - y = 105$

Lösung

Zunächst löst man beide Gleichungen nach y auf:

$2x + y = 195$
$y = 195 - 2x$
$x - y = 105$
$-y = 105 - x$
$y = x - 105$

Jetzt kann man gleichsetzen:

$y = y$

$195 - 2x = x - 105$

$-3x = -300$

$x = 100$

$y = x - 105 = 100 - 105 = -5$

$L = \{(100; -5)\}$

13.4 Graphisches Lösungsverfahren

Die Lehrperson greift Beispiel 3 aus 13.3 noch einmal auf und teilt mit, dieses Gleichungssystem diesmal mit einer anderen Methode zu lösen.

I. $y = 3 - x$

II. $y = x - 1$

In einem Unterrichtsgespräch erklärt die Lehrperson:

$y = 3 - x$ sowie $y = x - 1$ stellen je eine **lineare Funktion** dar. Diese haben als Graph je eine Gerade. Die Lehrperson wiederholt mit der Klasse, wie man den Graphen zeichnen kann (Wertetabelle oder Steigungsdreieck). Die zwei Geraden werden anschließend im selben Koordinatensystem dargestellt:

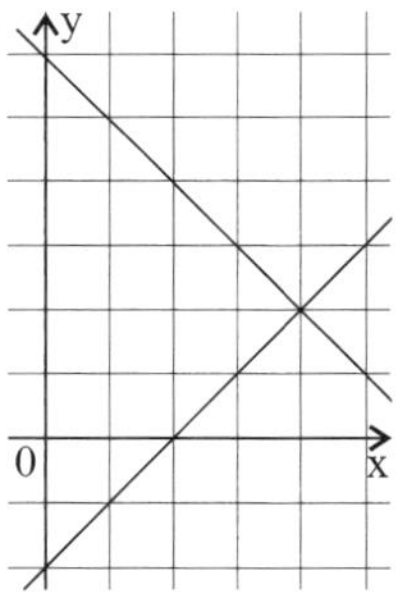

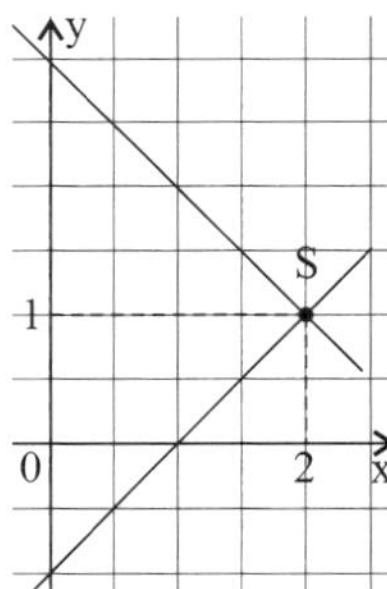

In einem Unterrichtsgespräch wird erklärt: Die Lösung muss beide Gleichungen I. und II. erfüllen. Anschaulich bedeutet dies, den gemeinsamen Punkt der zwei Geraden zu finden.

Die Lehrperson markiert den Schnittpunkt S und trägt seine Koordinaten ein.

$x = 2$ und $y = 1$ stellen die Lösung dar: $L = \{(2; 1)\}$

Vorteil: Das bekannte Ergebnis wurde noch einmal bestätigt.

Beispiel 4

I. $x + y = 4$

II. $y + 2 = x$

Lösung

Plan der Lösung:

1. Man löst beide Gleichungen nach y auf.
2. Man zeichnet die zwei Geraden im selben Koordinatensystem und liest die Lösung ab.

$x + y = 4$
$y = 4 - x$

$y + 2 = x$
$y = x - 2$

$L = \{(3; 1)\}$

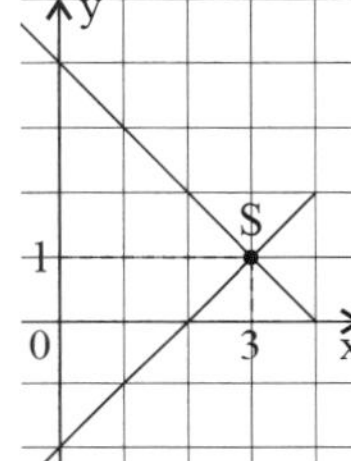

Die Lehrperson bittet nun die Klasse, Vorteile und Nachteile des zeichnerischen Verfahrens zu formulieren – verglichen mit einem rechnerischen Verfahren.

Man kann festhalten:

Vorteile: anschaulich, alles klar auf den ersten Blick

Nachteile: ungenau; etwas zeitaufwendiger

Die Lehrperson fragt: Warum wäre bei $L = \{(100; -5)\}$ das zeichnerische Verfahren ungeeignet?

Antwort: Wegen der hohen Zahl 100.

Merke: Bei hohen Zahlen oder „krummen Zahlen", wie zum Beispiel $x = 0{,}435$, ist das zeichnerische Verfahren keine geeignete Methode.

Vorteil: Die Klasse erkennt die Grenzen des zeichnerischen Verfahrens.

13.5 Komische Gleichungssysteme

Beispiel 5

I. $x - y = 1$
II. $y - x = 1$

Lösung

$y - x = 1$
$y = x + 1$
Eingesetzt in I:
$x - (x + 1) = 1$
$x - x - 1 = 1$
$-1 = 1$

Die Lehrperson fordert die Klasse auf, den Rechenweg sowie „$-1 = 1$“ zu deuten. Falls von der Klasse zu wenig Ideen kommen, kann die Lehrperson den Unterricht durch einen mathematischen Aufsatz auflockern. Dieser ist ein Dialog zwischen der Schülerin Charlene und dem Schüler Charlix.

Charlene: *Wo haben wir uns verrechnet?*

Charlix: *Nirgendwo. Jede Rechnung stimmt.*

Chatlene: *Dann verstehe ich nur Bahnhof. x ist abgehauen, stattdessen steht der Quatsch $-1 = 1$.*

Charlix: *Genau! Das ist der Punkt! Die Rechnung geht nicht auf. Dies bedeutet, dass es keine Lösung gibt.*

Charlene: *Wenn ich doch richtig rechne, dann dürfte dabei nichts Falsches rauskommen. Wieso keine Lösung?*

Charlix: *Betrachten wir noch einmal die Gleichung:*
$x - x - 1 = 1$
Umgeformt:
$x - x = 2$

Charlene: *Und?*

Charlix: *Die linke Seite ist $x - x$ und $x - x$ ist ja null für jedes x. Also egal, was man statt x einsetzt, kommt stets 0 raus und 0 ist nicht 2. Daran sieht man, dass es keine Lösung gibt.*

Charlene: *Mag sein, es ist aber immer noch verzwickt. Könnte man das Ganze nicht irgendwie veranschaulichen?*

Charlix: *Doch. Sehr gut sogar!*

Die Lehrperson bespricht mit der Klasse: Die lineare Funktion aus II ist
$y = x + 1$
Bei I gilt:
$x - y = 1$
$-y = -x + 1$
$y = x - 1$
Nun wendet man das zeichnerische Lösungsverfahren für $y = x + 1$ und
$y = x - 1$ an.
Man erhält:

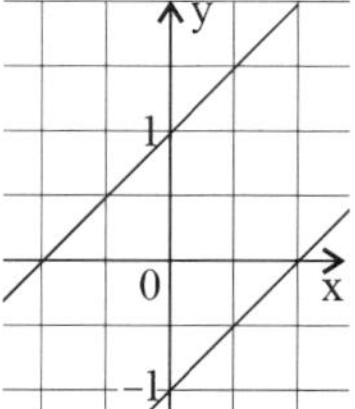

Die zwei Geraden sind parallel zueinander. Sie haben keinen Schnittpunkt. Kein Schnittpunkt bedeutet keine Lösung.

Vorteil: Die Klasse gewinnt eine neue Erkenntnis.

Alternativerklärung

I. $x - y = 1$
II. $y - x = 1$

Man nimmt II mal (–1).

I. $x - y = 1$
II. $x - y = -1$

Man spielt nun Mathe-Memory und bastelt zwei Blätter mit $x - y$ und 1 sowie mit $x - y$ und –1. Legt man die zwei Blätter mit der Seite $x - y$ aufeinander, sieht man auf der einen Seite 1, auf der anderen Seite –1. Dies kann ja nicht sein, denn statt 1 kann man nicht –1 einsetzen.

Vorteil: Der Hintergrund wird anders veranschaulicht.

Beispiel 6

I. $y - 2x = 1$
II. $2x - y = -1$

Lösung

$y - 2x = 1$
$y = 2x + 1$

Eingesetzt in II:

$2x - (2x + 1) = -1$
$2x - 2x - 1 = -1$ stimmt für jedes x, denn $-1 = -1$.

Deutung: Es gibt unendlich viele Lösungen.

Alternativlösung

I. war $y = 2x + 1$.

Bei II. gilt:

$2x - y = -1$
$-y = -2x - 1$
$y = 2x + 1$

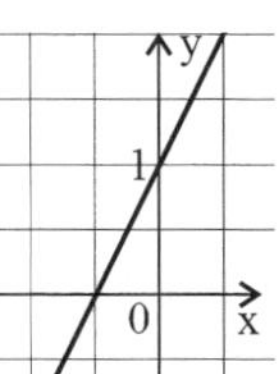

Die zwei linearen Funktionen sind gleich, daher hat man dieselbe Gerade zweimal.

Jeder Punkt der Geraden stellt eine Lösung dar.

Es ist sinnvoll, einige der Lösungen exemplarisch aufzuzählen:

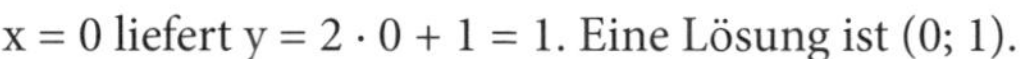

$x = 0$ liefert $y = 2 \cdot 0 + 1 = 1$. Eine Lösung ist (0; 1).
$x = 1$ liefert $y = 2 \cdot 1 + 1 = 3$. Eine andere Lösung ist (1; 3).

Die Lehrperson kann erwähnen: Die Lösungen sind in der Form $(x; 2x + 1)$. Für jedes x bekommt man eine Lösung. Man verlangt aber diese allgemeine Form nicht.

Zusammengefasst: Ein Gleichungssystem kann genau eine Lösung, keine Lösung oder unendlich viele Lösungen haben. Dies hängt davon ab, ob die zwei Geraden sich schneiden, parallel sind oder übereinstimmen.
Anschaulich:

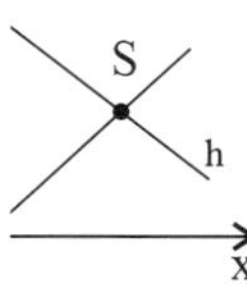

eine Lösung

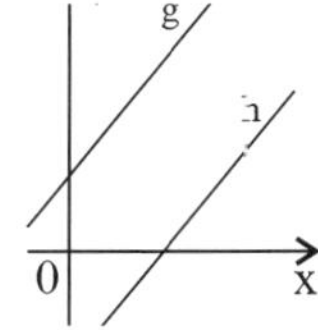

keine Lösung

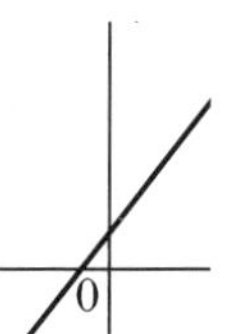

unendlich viele Lösungen

Vorteil: Die Lernenden haben einen Gesamtüberblick.

Die nächsten zwei Aufgaben können die Lernenden allein lösen.

Beispiel 7

I. $y + 2 = 3x$
II. $3x - y = -1$

Lösung

$y + 2 = 3x$
$y = 3x - 2$
Eingesetzt in II:
$3x - (3x - 2) = -1$
$3x - 3x + 2 = -1$ stimmt für kein x (wegen $2 = -1$).
Deutung: Keine Lösung

Beispiel 8

I. $2y - 5x = -4$
II. $2{,}5x - y = 2$

Lösung

$2{,}5x - y = 2$
$- y = - 2{,}5x + 2$
$y = 2{,}5x - 2$
Eingesetzt in I:
$2\,(2{,}5x - 2) - 5x = -4$
$5x - 4 - 5x = -4$ stimmt für jedes x (wegen $-4 = -4$).
Deutung: Unendlich viele Lösungen

Satz und Kehrsatz

14

Vorbemerkung: Es handelt sich um themenübergreifende Begriffe. Diese kommen zwar in den Schulbüchern vor, der Hintergrund wird aber in vielen Büchern nicht erläutert. Es gibt darüber hinaus gute Gründe, Satz und Kehrsatz im Unterricht gezielt zu thematisieren.
Satz und Kehrsatz stellen zwei unterschiedliche Aussagen dar.
Wenn der Satz stimmt, kann der Kehrsatz stimmen, muss er aber nicht. Die stillschweigende Annahme, dass der Kehrsatz stimmt, stellt einen Denkfehler dar.
Wenn man die Voraussetzung und die Folgerung vertauscht, löst man eine andere Aufgabe.

14.1 Beispiele aus dem Alltag

Die Lehrperson schildert zunächst das Phänomen an Beispielen, die für alle zugänglich sind. Erst wenn die Klasse Satz und Kehrsatz intuitiv verstanden hat, werden diese auch formell ausgedrückt.

Beispiel 1

„Wenn Bea alleine Auto fahren darf, dann ist sie mindestens 18 Jahre alt."
„Wenn Bea mindestens 18 Jahre alt ist, dann darf sie alleine Auto fahren."

Die Lehrperson fordert die Klasse auf, zu untersuchen, ob die zwei Aussagen gleichwertig sind.
Nach einem Unterrichtsgespräch wird das Wesentliche festgehalten:
Die zwei Aussagen sind *nicht* gleichwertig. Die erste Aussage ist richtig, die zweite Aussage ist falsch. Um alleine Auto fahren zu dürfen muss man zwar mindestens 18 Jahre alt sein, aber man braucht ja auch einen Führerschein.
Die zweite Aussage entstand, indem man die erste Aussage „umdrehte".
Die Lehrperson bleibt zunächst bei dieser Umgangssprache, damit die Lernenden den roten Faden nicht verlieren.

Beispiel 2

„Wenn Max lauter Einser im Jahreszeugnis hat, dann erhält er einen Preis."
Die Lehrperson bittet nun die Klasse, die obige Aussage wie im Beispiel 1 „umzudrehen".
„Wenn Max einen Preis erhält, dann hat er lauter Einser im Jahreszeugnis."

Die Lehrperson fordert nun die Klasse auf, zu untersuchen, ob die Aussagen richtig oder falsch sind.

Die erste Aussage ist richtig, die zweite Aussage ist falsch. Denn man braucht nicht lauter Einser im Jahreszeugnis, um einen Preis zu erhalten. Durch die „Umdrehung“ der ersten Aussage entstand eine ähnliche, aber letztendlich *andere* Aussage.

Vorteil: Durch diese alltagsbezogenen Beispiele hat die Klasse das Phänomen bereits kennengelernt.

14.2 Mathematische Beispiele

Die Lehrperson beschränkt sich zunächst auf einfache und anschauliche Beispiele, die für alle zugänglich sind.

Beispiel 3

„Wenn ein Viereck ein Quadrat ist, dann sind alle vier Winkel rechte Winkel.“
„Wenn in einem Viereck alle vier Winkel rechte Winkel sind, dann ist das Viereck ein Quadrat.“

Die Lehrperson fordert die Klasse auf, zu untersuchen, ob die zwei Aussagen gleichwertig sind.
Die zwei Aussagen sind *nicht* gleichwertig. Die erste Aussage ist richtig, die zweite Aussage ist falsch. Sie wird durch ein Rechteck widerlegt.
Das nächste Beispiel ist bewusst ähnlich zu Beispiel 3 gewählt.

Beispiel 4

„Wenn ein Viereck vier rechte Winkel hat, dann ist das Viereck ein Rechteck.“

„Wenn ein Viereck ein Rechteck ist, dann sind alle vier Winkel rechte Winkel.“

Die Lehrperson fordert die Klasse auf, zu untersuchen, ob die zwei Aussagen richtig oder falsch sind.
Beide Aussagen sind richtig. Es ist sinnvoll zu erwähnen, dass ein Quadrat ein Sonderfall eines Rechtecks ist.
Vorteil: Man kann auf die Figuren aus Beispiel 3 zurückgreifen.
Vorteil: Die Klasse erfährt, dass es möglich ist, dass sowohl die Aussage als auch deren „Umdrehung“ richtig sind.

14.3 Satz und Kehrsatz

Es ist an der Zeit, Satz und Kehrsatz allgemein zu formulieren. Die Lehrperson greift dafür auf ein bekanntes Beispiel zurück:
A: Wenn Max lauter Einser im Jahreszeugnis hat, dann erhält er einen Preis.
B: Wenn Max einen Preis erhält, dann hat er lauter Einser im Jahreszeugnis.

Allgemein gilt:
Satz: Wenn A gilt, dann gilt auch B.
Kehrsatz: Wenn B gilt, dann gilt auch A.
Vorteil: Das bekannte Beispiel ermöglicht einen guten Übergang.
Zunächst wird das obige Beispiel anders ausgedrückt.
A: Aus lauter Einser im Jahreszeugnis folgt ein Preis.
B: Aus einem Preis folgen lauter Einser im Jahreszeugnis.
Allgemein gilt:
Satz: Aus A folgt B.
Kehrsatz: Aus B folgt A.
Vorteil: Das bekannte Beispiel ermöglicht einen guten Übergang.
Das obige Beispiel wird erneut anders ausgedrückt:
A: Lauter Einser im Jahreszeugnis $\Rightarrow$ Preis
B: Preis $\Rightarrow$ Lauter Einser im Jahreszeugnis
Allgemein gilt:
Satz: $A \Rightarrow B$
Kehrsatz: $B \Rightarrow A$
Vorteil: Das bekannte Beispiel ermöglicht einen guten Übergang.
Vorteil: Die Klasse erfährt die drei Formulierungen in drei Stufen. Die abstrakte und kompakte Formulierung mit dem Implikationspfeil ist die Letzte. Sie ergibt sich aus den anderen zwei Ausdrucksweisen.

Die Lehrperson wiederholt nun die Begriffe **Voraussetzung** sowie **Folgerung** und stellt anschließend fest:
Merke: Wenn man die Voraussetzung mit der Folgerung vertauscht, erhält man den Kehrsatz.

Schülersprache	Mathematikersprache
Der Satz wird umgedreht.	Voraussetzung und Folgerung werden vertauscht.
Man dreht den Spieß um.	Man formuliert den Kehrsatz.

Vorteil: Man hat Umgangssprache und Mathematikersprache in Einklang gebracht.
Die Klasse soll nun erfahren, dass die Tragweite des Kehrsatzes weit über die besprochenen Beispiele hinausreicht.
Eine Möglichkeit hierfür ist:
Einen mathematischen Satz kann man als „Wenn A, dann B" oder „Aus A folgt B" oder „$A \Rightarrow B$" ausdrücken. Daher kann man bei jedem mathematischen Satz einen Kehrsatz bilden, indem man die Voraussetzung mit der Folgerung vertauscht.

Die folgenden Aufgaben wurden so gewählt, dass die meisten von ihnen auch in den unteren Klassenstufen eingesetzt werden können.

14.4 Aufgaben

Aufgabe 1

Formuliere für die folgenden Aussagen den jeweiligen Kehrsatz. Untersuche anschließend, ob der Satz und der Kehrsatz richtig oder falsch sind. Begründe deine Antwort.

a) Wenn eine Dezimalzahl nicht abbrechend ist, dann ist die Zahl irrational.

b) Wenn ein Viereck ein Rechteck ist, dann gibt es zwei rechte Winkel.

c) Wenn ein Dreieck gleichseitig ist, dann gibt es zwei Winkel mit der Winkelweite 60°.

d) Wenn ich mich stets korrekt verhalte, dann verhalten sich andere Menschen stets korrekt mir gegenüber.

Lösung

a) *Kehrsatz:* Wenn eine Zahl irrational ist, dann ist die entsprechende Dezimalzahl nicht abbrechend.
Der *Satz* ist *falsch.* Gegenbeispiel: $\frac{1}{3} = 0{,}3333\ldots$
Der *Kehrsatz* ist *richtig.* Eine irrationale Zahl ist nicht periodisch und daher auch nicht abbrechend.
Vorteil: Die Klasse erfährt, dass man auch eine falsche Aussage umdrehen kann.

b) *Kehrsatz:* Wenn es in einem Viereck zwei rechte Winkel gibt, dann ist das Viereck ein Rechteck.
Der *Satz* ist *richtig.*
Der *Kehrsatz* ist *falsch.*
Gegenbeispiel: rechtwinkliges Trapez

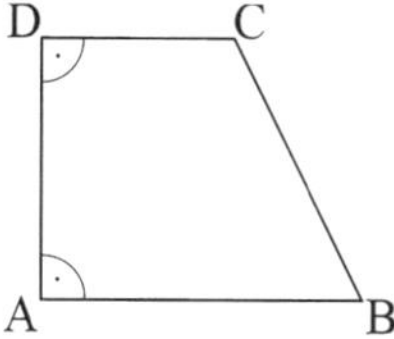

c) *Kehrsatz:* Wenn es in einem Dreieck zwei 60°-Winkel gibt, dann ist das Dreieck gleichseitig.
Der *Satz* ist *richtig.*
Der *Kehrsatz* ist ebenfalls *richtig.* Aus der Winkelsumme folgt, dass der dritte Winkel ein 60°-Winkel ist.
Vorteil: Die Klasse erfährt: Es ist möglich, dass sowohl der Satz als auch der Kehrsatz zutreffen.

d) individuelle Lösung

Nicht alle Sätze sind mit „wenn … dann“ formuliert. Bei der folgenden Aufgabe sollen die Schülerinnen und Schüler die Aussagen zunächst mit „wenn … dann“ ausdrücken.

Aufgabe 2

Drücke die folgenden Sätze in der Form „wenn … dann“ aus und bilde den jeweiligen Kehrsatz.
Untersuche anschließend, ob Satz und Kehrsatz richtig oder falsch sind. Begründe deine Antwort.
Beispiel: In einem Parallelogramm halbieren sich die Diagonalen.
Satz: Wenn ein Viereck ein Parallelogramm ist, dann halbieren sich die Diagonalen.
Kehrsatz: Wenn sich in einem Viereck die Diagonalen halbieren, dann ist das Viereck ein Parallelogramm.

a) In einem Parallelogramm sind die gegenüberliegenden Seiten gleich lang.
b) In einem Quadrat stehen die Diagonalen senkrecht zueinander.
c) Jede rationale Zahl lässt sich als periodische Dezimalzahl darstellen.

Lösung

a) *Satz:* Wenn ein Viereck ein Parallelogramm ist, dann sind die gegenüberliegenden Seiten gleich lang.
Kehrsatz: Wenn in einem Viereck die gegenüberliegenden Seiten gleich lang sind, dann ist das Viereck ein Parallelogramm.
Der *Satz* ist *richtig.* Der *Kehrsatz* ist ebenfalls *richtig.*

b) *Satz:* Wenn ein Viereck ein Quadrat ist, dann stehen die Diagonalen senkrecht zueinander.
Kehrsatz: Wenn in einem Viereck die Diagonalen senkrecht zueinanderstehen, dann ist das Viereck ein Quadrat.

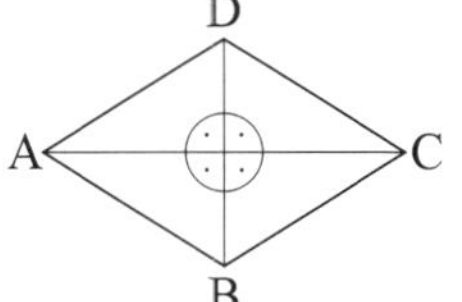

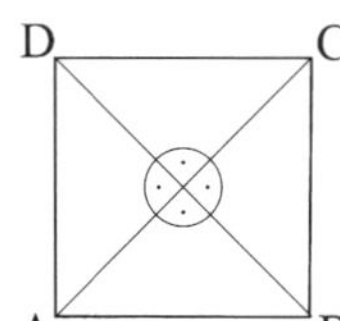

Der *Satz* ist *richtig.*
Der *Kehrsatz* ist *falsch.* Begründung: In einer Raute stehen die Diagonalen ebenfalls senkrecht aufeinander.

c) *Satz:* Wenn eine Zahl rational ist, dann lässt sie sich als periodische Dezimalzahl darstellen.
Kehrsatz: Wenn sich eine Zahl als periodische Dezimalzahl darstellen lässt, dann ist die Zahl rational.
Der *Satz* ist *richtig* (Beachte: Die Zahl 4 ist zum Beispiel: 4 = 3,999...)
Der *Kehrsatz* ist ebenfalls *richtig.*

Nach diesen Beispielen und Aufgaben kann die Lehrperson einige wichtige Erkenntnisse festhalten.

Beachte: Wenn ein Satz stimmt, bedeutet dies *nicht immer,* dass auch der Kehrsatz stimmt.
Ein Satz und sein Kehrsatz stellen zwei *unterschiedliche Aussagen* dar.
Daher aufgepasst:
Wenn man statt des Satzes den Kehrsatz verwendet, begeht man einen Denkfehler.
Die nächste Aufgabe thematisiert einen Sonderfall.

Aufgabe 3
Drücke den folgenden Satz in der Form „wenn ... dann" aus und bilde den Kehrsatz.
Es gibt unendlich viele Primzahlen.

Lösung
Diese wahre Aussage kann man *nicht* als „wenn-dann-Satz" formulieren, denn sie hat keine Voraussetzung. Daher kann man auch keinen Kehrsatz bilden.
Vorteil: Die Klasse erfährt, dass doch nicht jeder Satz einen Kehrsatz besitzt.
Die Lehrperson betont, dass es sich um eine Ausnahme handelt. Die allermeisten Sätze haben Kehrsätze.

Hochzahlen

15

Vorbemerkung: Mit dem vorliegenden Unterrichtsvorschlag können die Lernenden vieles allein entdecken und lernen Ansätze kennen, mit deren Hilfe sie bestimmte Regeln besser lernen und anwenden können.

15.1 Natürliche Hochzahlen

15.1.1 Definition

Beispiel: $3^5 = \underbrace{3 \cdot 3 \cdot 3 \cdot 3 \cdot 3}_{\text{5-mal}}$

Allgemein gilt: $a^n = \underbrace{a \cdot a \cdot a \cdot \ldots \cdot a}_{\text{n-mal}}$, wobei $n \in \mathbb{N}^*$ und $a \in \mathbb{R}$

15.1.2 Potenzgesetze

Aufgabe 1

Schreibe den Term $5^3 \cdot 5^4$ als eine Potenz.

Lösung

$5^3 \cdot 5^4 = \underline{5 \cdot 5 \cdot 5} \cdot \underline{5 \cdot 5 \cdot 5 \cdot 5} = 5 \cdot 5 \cdot 5 \cdot 5 \cdot 5 \cdot 5 \cdot 5 = 5^7$

Die Lehrperson fragt:

Wie erhält man die Hochzahl 7 mit Hilfe der Hochzahlen 3 und 4?

Es ist davon auszugehen, dass viele den Zusammenhang sofort enddecken: $7 = 3 + 4$. Also ist:

$5^3 \cdot 5^4 = 5^{3+4}$

Vorteil: Die Lernenden haben ein Potenzgesetz selbstständig entdeckt.

Die Lehrperson teilt den Lernenden mit, dass sie eine Regel entdeckt haben und stellt die Frage:

Wie kann man wohl $a^x \cdot a^y$ anders schreiben?

Antwort: $a^x \cdot a^y = a^{x+y}$ (Regel 1)

Alle Hochzahlen sind in der Menge $\mathbb{N}^*$, a ist eine reelle Zahl.

Aufgabe 2

Schreibe den Term $\frac{3^6}{3^2}$ als eine Potenz.

Lösung

$\frac{3^6}{3^2} = \frac{\not{3} \cdot \not{3} \cdot 3 \cdot 3 \cdot 3 \cdot 3}{\not{3} \cdot \not{3}} = 3 \cdot 3 \cdot 3 \cdot 3 = 3^4$

Die Lehrperson fragt nun:

Wie bekommt man die Hochzahl 4 mit Hilfe der Hochzahlen 6 und 2?

Es ist davon auszugehen, dass viele den Zusammenhang sofort entdecken: $4 = 6 - 2$.

Also ist: $\frac{3^6}{3^2} = 3^{6-2}$

Vorteil: Die Lernenden haben ein Potenzgesetz selbstständig entdeckt. Die Lehrperson teilt den Lernenden mit, dass sie eine Regel entdeckt haben und stellt die Frage:

Wie kann man wohl $\frac{a^x}{a^y}$ anders schreiben?

$\frac{a^x}{a^y} = a^{x-y}$ (Regel 2)

Alle Hochzahlen sind in der Menge $\mathbb{N}^*$, a ist eine reelle Zahl aus $\mathbb{R}$ (nicht null).

Aufgabe 3

Schreibe den Term $5^3 \cdot 7^3$ als eine Potenz.

Lösung

$5^3 \cdot 7^3 = 5 \cdot 5 \cdot 5 \cdot 7 \cdot 7 \cdot 7$

Man kann nun die Faktoren umsortieren (abwechselnd):

$5 \cdot 5 \cdot 5 \cdot 7 \cdot 7 \cdot 7 = 5 \cdot 7 \cdot 5 \cdot 7 \cdot 5 \cdot 7 = (5 \cdot 7) \cdot (5 \cdot 7) \cdot (5 \cdot 7) = (5 \cdot 7)^3$

Also $5^3 \cdot 7^3 = (5 \cdot 7)^3$

Vorteil: Die Lernenden haben ein Potenzgesetz selbstständig entdeckt. Die Lehrperson teilt den Lernenden mit, dass sie eine Regel entdeckt haben und stellt die Frage:

Wie kann man wohl $a^x \cdot b^x$ anders schreiben?

$a^x \cdot b^x = (a \cdot b)^x$ (Regel 3)

Die Hochzahlen sind in der Menge $\mathbb{N}^*$, a und b sind reelle Zahlen.

Aufgabe 4

Schreibe den Term $\frac{5^4}{2^4}$ als eine Potenz.

Lösung

$\frac{5^4}{2^4} = \frac{5 \cdot 5 \cdot 5 \cdot 5}{2 \cdot 2 \cdot 2 \cdot 2} = \frac{5}{2} \cdot \frac{5}{2} \cdot \frac{5}{2} \cdot \frac{5}{2} = \left(\frac{5}{2}\right)^4$

Also $\frac{5^4}{2^4} = \left(\frac{5}{2}\right)^4$

Vorteil: Die Lernenden haben ein Potenzgesetz selbstständig entdeckt. Die Lehrperson teilt den Lernenden mit, dass sie eine Regel entdeckt haben und stellt die Frage:

Wie kann man wohl $\frac{a^x}{b^x}$ anders schreiben?

$\frac{a^x}{b^x} = \left(\frac{a}{b}\right)^x$ (Regel 4)

Die Hochzahlen sind positive natürliche Zahlen, a und b sind reelle Zahlen, b ist ungleich null.

Aufgabe 5
Schreibe den Term $(a^3)^2$ als eine Potenz mit einer Hochzahl.

Lösung
Zunächst wendet man die Definition für hoch 2 an:
$(a^3)^2 = a^3 \cdot a^3$
Nun wendet man die Definition für hoch 3 an:
$a^3 \cdot a^3 = \underline{a \cdot a \cdot a} \cdot \underline{a \cdot a \cdot a} = a \cdot a \cdot a \cdot a \cdot a \cdot a = a^6$

Also ist $(a^3)^2 = a^6$.
Die Lehrperson fragt nun:
Wie bekommt man die Hochzahl 6 mit Hilfe der Hochzahlen 3 und 2?
Es ist davon auszugehen, dass viele den Zusammenhang sofort enddecken:
$6 = 3 \cdot 2$. Also gilt:
$(a^3)^2 = a^{3 \cdot 2}$
Vorteil: Die Lernenden haben ein Potenzgesetz selbstständig entdeckt.
Die Lehrperson teilt den Lernenden mit, dass sie eine Regel entdeckt haben und stellt die Frage:
Wie kann man wohl $(a^x)^y$ anders schreiben?
$(a^x)^y = a^{x \cdot y}$ (Regel 5)
Alle Hochzahlen sind in der Menge $\mathbb{N}^*$, a ist eine reelle Zahl.

Aufgabe 6
Schreibe mit nur einer Hochzahl
a) $2^{(3^4)}$ **b)** $(2^3)^4$
und vergleiche anschließend.

Lösung
a) $2^{(3^4)} = 2^{3 \cdot 3 \cdot 3 \cdot 3} = 2^{9 \cdot 9} = 2^{81}$ **b)** $(2^3)^4 = 2^{3 \cdot 4} = 2^{12}$
Vergleich: Die Ergebnisse sind ungleich.

Die Lehrperson spricht nun folgenden Aspekt an:
Das Potenzieren ist *nicht* assoziativ. Je nachdem, wie man die Klammern setzt, erhält man ein anderes Ergebnis.
Beachte: Wenn man keine Klammern hat, dann versteht man unter x^{y^z} den Term $x^{(y^z)}$, also $x^{y^z} = x^{(y^z)}$.
Dieser kleine „Abstecher" ist deswegen sinnvoll, weil die meisten Rechenarten assoziativ sind.
Die Lehrperson führt jetzt noch die Hochzahl null, negative Hochzahlen sowie rationale Hochzahlen ein. Anschließend sind Anwendungen in Form von vernetztem Denken möglich.

15.2 Die Hochzahl null

Die Lehrperson greift auf folgende Regel zurück:

$\frac{a^x}{a^y} = a^{x-y}$

und stellt die Frage:

Was ergibt die Formel, wenn x = y wäre?

Wenn man x statt y einsetzte, erhielte man:

$\frac{a^x}{a^x} = a^{x-x}$

$1 = a^0$

Aus diesem Grund definiert man:

$a^0 = 1$, wobei $a > 0$

Die Lehrperson betont: Der obige Gedankengang und Rechenweg sind *keine* Herleitung für $a^0 = 1$, denn bei $\frac{a^x}{a^y} = a^{x-y}$ waren alle Hochzahlen aus der Menge $\mathbb{N}^*$. Für x = y wird aber $x - y = 0$ und null ist *nicht* in $\mathbb{N}^*$. Man hat aber gezeigt: Wenn $\frac{a^x}{a^y} = a^{x-y}$ für x = y gälte, dann wäre $a^0 = 1$.

Vorteil: Die Definition ist nicht willkürlich, man kann sie mit Hilfe eines bekannten Potenzgesetztes begründen.

Der ursprüngliche Sinn von Hochzahlen aus 15.1 geht mit der Hochzahl null verloren. Diesen Aspekt thematisiert die Lehrperson. Eine Möglichkeit hierfür:

$$3^5 = \underbrace{3 \cdot 3 \cdot 3 \cdot 3 \cdot 3}_{\text{5-mal}}$$

So kann man aber $3^0 = 1$ *nicht erklären,* denn es macht keinen Sinn, von einem Produkt zu reden, in dem der Faktor 3 null mal vorkommt.

$a^0 = 1$ ist eigentlich eine *Vereinbarung* und eine *Erweiterung* der Hochzahlen. Sie ist vielleicht zunächst merkwürdig, aber trotzdem sinnvoll, da die Potenzgesetze ihre Gültigkeit behalten.

Es könnte gut sein, dass diese Argumentation für einige Lernende nicht zufriedenstellend ist. In diesem Fall kann die Lehrperson andere Argumente anführen. Anbei zwei mögliche Beispiele:

Beispiel aus dem Alltag: Als die ersten Handys erschienen sind, war es deren Sinn und Zweck, mit ihnen zu telefonieren. Sie haben sich aber stark weiterentwickelt. Ein Foto zu schießen und es an jemanden zu versenden, hat zwar mit dem Telefonieren nichts zu tun, ist aber trotzdem sinnvoll.

Beispiel aus der Geschichte der Mathematik: Die ersten Zahlen waren kleine positive ganze Zahlen. Man konnte zum Beispiel 5 Äpfel zusammenzählen. Die Zahlen haben sich aber weiterentwickelt. $0{,}73\overline{5}$ oder $\sqrt{2}$ haben mit dem Zusammenzählen zwar nichts zu tun, sie sind aber trotzdem sinnvoll.

Vorteil: Diese bekannten Beispiele erhöhen die Akzeptanz für Hochzahlen, die keine natürlichen Zahlen sind.

15.3 Negative Hochzahlen

Die Lehrperson greift auf dieselbe Regel zurück:

$\frac{a^x}{a^y} = a^{x-y}$

und wirft die Frage auf:

Was ergibt die Formel, wenn x = 0 wäre?

Wenn man 0 statt x einsetzte, erhielte man:

$\frac{a^0}{a^y} = a^{0-y}$

Mit $a^0 = 1$ folgt:

$a^{-y} = \frac{1}{a^y}$

Aus diesem Grund definiert man:

$a^{-x} = \frac{1}{a^x}$, wobei $a > 0$

Vorteil: Die Definition ist nicht willkürlich, man kann sie mit Hilfe eines bekannten Potenzgesetzes begründen.

Beispiel: $2^{-3} = \frac{1}{2^3} = \frac{1}{8} = 0{,}125$

Diese Definition ist sinnvoll, da die Potenzgesetze ihre Gültigkeit behalten. Die Lehrperson verweist darauf, dass der Zahlenbegriff mehrmals weiterentwickelt wurde. Natürliche Zahlen, die Null, negative Zahlen, rationale Zahlen usw. Dieser Entwicklung folgen nun auch die Potenzen und die Hochzahlen.

15.4 Rationale Hochzahlen

Die Lehrperson begründet nun die Definition von $x^{\frac{1}{2}} = \sqrt{x}$. Dafür bietet das Autorenteam zwei Möglichkeiten an.

Möglichkeit A

Die Lehrperson lässt $9^{\frac{1}{2}}$ mit dem Taschenrechner berechnen.

$9^{\frac{1}{2}} = 3 \qquad (*)$

Andererseits gilt:

$\sqrt{9} = 3 \qquad (**)$

Aus (*) und (**) folgt:

$9^{\frac{1}{2}} = \sqrt{9}$

Allgemein gilt:

$x^{\frac{1}{2}} = \sqrt{x}$, wobei $x > 0$.

Probe: Das Quadrieren beider Seiten ergibt:

$(x^{\frac{1}{2}})^2 = (\sqrt{x})^2$

$x^{\frac{1}{2} \cdot 2} = x$, denn $x^1 = x$.

Für eine beliebige (positive) rationale Hochzahl gilt:

$x^{\frac{p}{q}} = \sqrt[q]{x^p}$

Zum besseren Verständnis schreibt die Lehrperson bei $x^{\frac{1}{2}} = \sqrt{x}$ die unsichtbaren Zahlen aus:
$x^{\frac{1}{2}} = \sqrt[2]{x^1}$
Vorteil von A: Die Definition bietet eine schnelle Einführung, deren Richtigkeit durch den Taschenrechner bestätigt wird.
Nachteil von A: Die Frage nach dem „warum“ wird nicht wirklich beantwortet.

Möglichkeit B
Die Lehrperson greift auf etwas Bekanntes zurück:
$(\sqrt{x})^2 = x \quad (*)$
Andererseits kann man sich fragen: Für welche Hochzahl h gilt
$(x^h)^2 = x$?
Mit der Regel $(a^x)^y = a^{x \cdot y}$ folgt
$x^{2h} = x^1$
$2h = 1$
$h = \frac{1}{2}$
also:
$(x^{\frac{1}{2}})^2 = x \quad (**)$
Aus (*) und (**) folgt:
$x^{\frac{1}{2}} = \sqrt{x}$, wobei $x > 0$.

Probe mit $x = 9$:
$9^{\frac{1}{2}} = \sqrt{9}$
$3 = 3$, denn laut Taschenrechner ist $9^{\frac{1}{2}} = 3$.
Für eine beliebige (positive) rationale Hochzahl gilt:
$x^{\frac{p}{q}} = \sqrt[q]{x^p}$
Zum besseren Verständnis schreibt die Lehrkraft bei $x^{\frac{1}{2}} = \sqrt{x}$ die unsichtbaren Zahlen aus:
$x^{\frac{1}{2}} = \sqrt[2]{x^1}$
Vorteil von B: Die Definition wird durch ein Potenzgesetz inhaltlich begründet.
Nachteil von B: Die Definition ist länger und etwas anspruchsvoller.
Abhilfe: Je nach Leistungsstärke der Klasse und je nach Zeitfaktor kann man sich die passende Einführung aussuchen.

15.5 Schülersprache und Mathematikersprache

Die Lernenden kennen jetzt alle Potenzgesetze und wissen, dass diese für Zahlen aus allen betrachteten Zahlenmengen gelten. Es ist Zeit für Anwendungen, Übungen und Aufgaben. Die Erfahrungswerte zeigen, dass einige Lernende die fünf Regeln häufig durcheinanderbringen. Daher wendet man im Folgenden **strukturiertes Denken** an.

Mathematikersprache	**Schülersprache**
$a^x \cdot b^x = (a \cdot b)^x$	$\text{dies}^{\text{Hochzahl}} \cdot \text{das}^{\text{Hochzahl}} = (\text{dies} \cdot \text{das})^{\text{Hochzahl}}$
$\frac{a^x}{a^y} = a^{x-y}$	$\frac{\text{Basis}^{\text{Potenz oben}}}{\text{Basis}^{\text{Potenz unten}}} = \text{Basis}^{\text{Potenz oben} - \text{Potenz unten}}$
$\frac{a^x}{b^x} = \left(\frac{a}{b}\right)^x$	$\frac{\text{oben}^{\text{Zahl}}}{\text{unten}^{\text{Zahl}}} = \left(\frac{\text{oben}}{\text{unten}}\right)^{\text{Zahl}}$
$(a^x)^y = a^{x \cdot y}$	$\left(\text{Basis}^{\text{hoch}}\right)^{\text{höher}} = \text{Basis}^{\text{hoch} \cdot \text{höher}}$

Vorteil: Man wird nicht „buchstabenabhängig".

Ansprache an die Klasse: Eine *eigene Schülersprache ist sinnvoll,* denn so könnt ihr viel besser verstehen, worum es geht. Sie ist aber je nach Person *unterschiedlich* und ist daher manchmal vielleicht unklar oder leicht *missverständlich.*

Die *Mathematikersprache* ist hingegen *einheitlich* und damit *für alle klar* und *eindeutig.*

Jeder *darf* in seiner *eigenen Sprache denken* – und ihr solltet dies auch tun. So kommt ihr häufig besser voran. Bei einer Arbeit oder Prüfung müsst ihr aber am Ende alles in die einheitliche *Mathematikersprache* übersetzen und es so wiedergeben – damit jeder genau versteht, was ihr meint.

Nun kann das neue Wissen angewendet werden. Das Autorenteam rät von getrenntem Üben der einzelnen Regeln ab. Es empfiehlt stattdessen Aufgaben, bei denen mehrere Potenzgesetze sowie Definitionen gleichzeitig vorkommen.

16 Logarithmus

Vorbemerkung: Eine Formulierung der Form „$\log_a b$ ist jene Hochzahl, mit der a potenziert b ergibt" ist ein Paradebeispiel für eine Definition, mit der die Lernenden in der Regel nichts anfangen können. Dieser Beitrag geht andere Wege.
Man betrachtet mehrere Exponentialgleichungen. Die erste kann man mit der Hand lösen, die zweite mit dem Taschenrechner. Die dritte Gleichung kann man zwar nicht genau lösen, aber man kann durch eine Abbildung die Lösung veranschaulichen. Durch die einfacheren Beispiele und mit der Veranschaulichung wird der Logarithmus in mehreren Schritten fast unauffällig eingeführt.

16.1 Einführung

Wir betrachten einige Gleichungen, bei denen die Unbekannte eine Hochzahl ist.

Beispiel 1

$2^x = 8$

Die Lösung kann man hier erraten:

$x = 3$

Probe: $2^3 = 8$ ✓

Man kann x aus der Gleichung $2^x = 8$ folgendermaßen mit Worten beschreiben:

x ist jene Hochzahl, mit der 2 potenziert 8 ergibt.

In der Mathematik hat man dafür diese Schreibweise eingeführt:

$x = \log_2 8$

Man sagt: Zweierlogarithmus aus acht.

Man kann $\log_2 8$ auch mit dem Taschenrechner berechnen:

$\log_2 8 = 3$

Das bekannte Ergebnis wurde bestätigt.

$\log_2 8 = 3$ bedeutet also $2^3 = 8$.

Vorteil: Das Wort „Logarithmus" sowie die Bezeichnung $\log_2 8$ werden in ein bekanntes Umfeld eingebettet.

Für einige Lernende kann eine Veranschaulichung mit Pfeilen sinnvoll sein.

$\log_2 8 = 3$

In diesem Fall startet man bei 2 und kommt über 3 bei 8 an.

Beispiel 2

$3^x = 59\,049$

Die Lösung kann man hier (zumindest auf Anhieb) nicht erraten.

x ist aber jene Hochzahl, mit der 3 potenziert 59 049 ergibt.

Mathematische Schreibweise:

$x = \log_3 59\,049$

Man sagt: Dreierlogarithmus aus 59 049.

Mit dem Taschenrechner erhält man $\log_3 59\,049 = 10$.

Probe: $3^{10} = 59\,049$ und es stimmt.

$3^{10} = 59\,049$ bedeutet also $10 = \log_3 59\,049$.

Vorteil: Die Klasse hat bereits zwei Beispiele untersucht. Dadurch werden Gemeinsamkeiten hervorgehoben.

Beispiel 3

$3^x = 2$

Die Lösung kann man hier *nicht* erraten.

Die gibt es aber!

Die Lösung x kann man nämlich veranschaulichen, siehe Abbildung.

Man zeichnet von $y = 2$ aus eine Parallele zur x-Achse, die den Graphen schneidet. Die x-Koordinate des Schnittpunktes ist die gesuchte Zahl x.

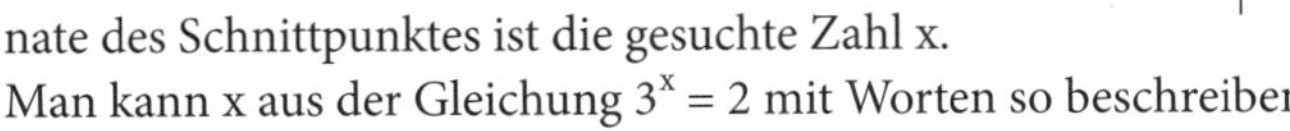

Man kann x aus der Gleichung $3^x = 2$ mit Worten so beschreiben:

x ist jene Hochzahl, mit der 3 potenziert 2 ergibt.

Mathematische Schreibweise:

$x = \log_3 2$

Vorteil: Man stellt einen Logarithmus graphisch dar.

Mit dem Taschenrechner kann man $\log_3 2$ *näherungsweise* berechnen:

$x = \log_3 2 \approx 0{,}6309$

Probe: $3^{0{,}6309} = 1{,}9999 \approx 2$ ✓

$3^x = 2$ bedeutet also $x = \log_3 2$.

Beachte: Obwohl der Taschenrechner nur einen *Näherungswert* berechnen kann, ist x trotzdem *eindeutig bestimmt,* siehe Abbildung.

Nach diesen ausführlichen Beispielen liegt der allgemeine Fall auf der Hand.

Allgemein gilt:

$a^x = b$ (mit $a > 0$, $b > 0$)

x ist jene Hochzahl, mit der a potenziert b ergibt.

Mathematische Schreibweise:
$x = \log_a b$.
Man sagt: x ist a Logarithmus aus b.
$\log_a b$ steht also für jene Hochzahl, mit der a potenziert b ergibt.
Vorteil: Man greift auf mehrfach verwendete, bereits bekannte Formulierungen zurück.

Beachte: Die Schreibweise mit Logarithmus ist deswegen erforderlich, weil man eine Hochzahl häufig nur *näherungsweise* berechnen kann. $\log_a b$ hingegen bezeichnet die *genaue* Lösung, die man aber meistens nicht ermitteln kann. Diese gibt es aber trotzdem, siehe die Abbildung aus Beispiel 3.

Das Wesentliche in Kürze: Mit Hilfe von *Logarithmen* kann man *Hochzahlen* ermitteln.

Man kann im nächsten Schritt Wurzeln und Logarithmen vergleichen. Wurzeln sind in der Regel schon bekannt und die Lernenden haben Erfahrungen damit gesammelt.
TIPP: Man kann die jeweiligen Aspekte einzeln, nach und nach besprechen.

16.2 Wurzeln und Logarithmen im Vergleich

Beispiel 1: Wurzeln	Beispiel 2: Logarithmen
$x^3 = 2$	$3^x = 2$
Man sagt: x ist jene Zahl, die hoch drei 2 ergibt.	*Man sagt:* x ist jene Zahl, mit der 3 potenziert 2 ergibt.
Man schreibt: $x = \sqrt[3]{2}$	*Man schreibt:* $x = \log_3 2$
Man rechnet: $x = \sqrt[3]{2} \approx 1{,}259\,921$	*Man rechnet:* $x = \log_3 2 \approx 0{,}630\,929$
Probe: $(1{,}259\,921)^3 = 1{,}999 \approx 2$. Aha!	*Probe:* $3^{0{,}630\,929} = 1{,}999\,9 \approx 2$. Aha!

Beachte: Diese zwei Beispiele haben **wichtige Gemeinsamkeiten:**

1) Man kann die Gleichungen nicht genau lösen.
2) Die Existenz der Lösungen ist anschaulich trotzdem einleuchtend:

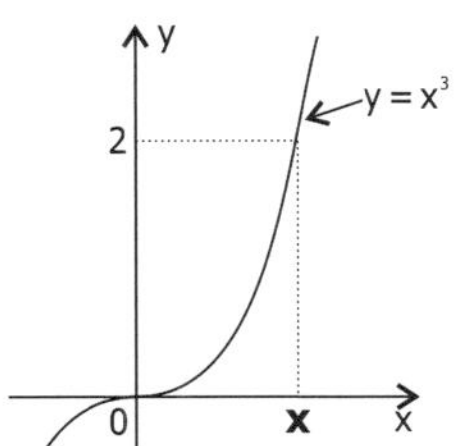

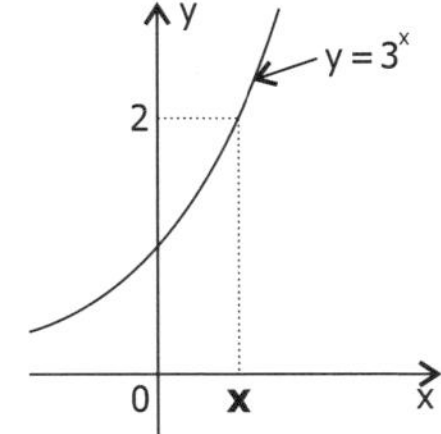

3) Für die jeweiligen Lösungen werden Bezeichnungen eingeführt:
   $x = \sqrt[3]{2}$ und $x = \log_3 2$
   Beide Bezeichnungen beinhalten die Zahlangaben 2 und 3.
4) Mit Hilfe des Taschenrechners bekommt man gute Näherungswerte.

Vorteil: Durch die Parallelbetrachtung der zwei Beispiele werden Gemeinsamkeiten hervorgehoben.

17 Der Satz des Pythagoras

Vorbemerkung: Den Satz des Pythagoras kann man auf verschiedene Arten veranschaulichen und beweisen. Ein Hauptziel dieses Beitrags ist, den Satz des Pythagoras durch die Lernenden entdecken zu lassen.

17.1 Die Entdeckung des Satzes des Pythagoras

Die Lernenden erfahren, dass sie einen Satz selbst entdecken können.
In einem *1. Schritt* bekommen sie den Arbeitsauftrag, zwei rechtwinklige Dreiecke ABC mit
$\overline{AC} = 4\,\text{cm}$, $\overline{BC} = 3\,\text{cm}$, $\sphericalangle C = 90°$
sowie
$\overline{AC} = 12\,\text{cm}$, $\overline{BC} = 5\,\text{cm}$, $\sphericalangle C = 90°$
zu konstruieren.

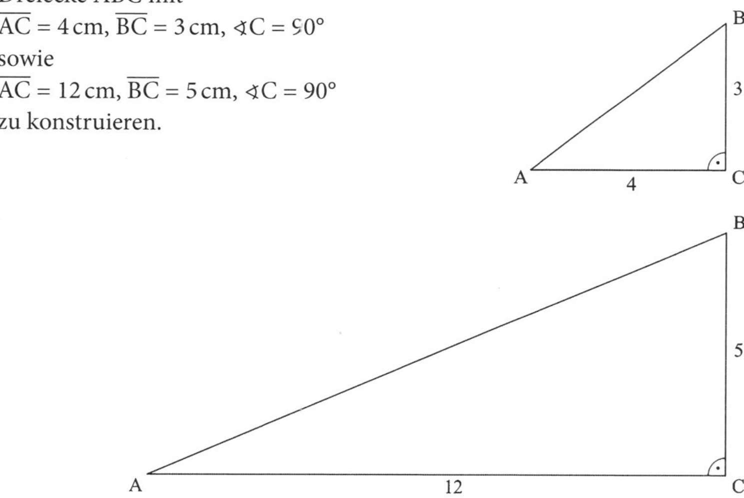

In einem *2. Schritt* sollen die Schülerinnen und Schüler in beiden Dreiecken die Länge der Seite AB abmessen.
Man erhält $\overline{AB} = 5\,\text{cm}$ in der einen Abbildung und $\overline{AB} = 13\,\text{cm}$ in der anderen Abbildung:

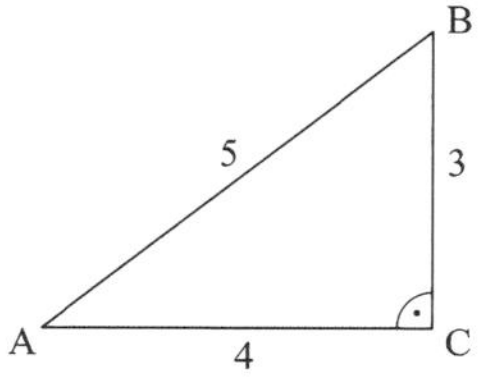

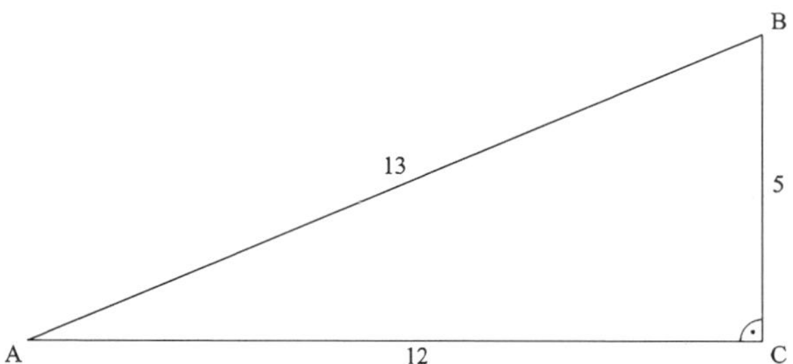

In einem 3. *Schritt* schreibt die Lehrperson an die Tafel:

3, 4, 5 12, 5, 13

Wenn man die Quadrate dieser Seiten berechnet, erhält man:

9, 16, 25 144, 25, 169

Die Lehrperson fordert nun die Klasse auf, einen Zusammenhang zwischen den Quadratzahlen zu finden.

Es ist davon auszugehen, dass in kurzer Zeit viele Schülerinnen und Schüler einen Zusammenhang entdecken:

$9 + 16 = 25$ $144 + 25 = 169$

Oder, mit Quadratzahlen geschrieben:

$3^2 + 4^2 = 5^2$ $12^2 + 5^2 = 13^2$

Vorteil: Die Klasse entdeckt in zwei rechtwinkligen Dreiecken den Zusammenhang. Dies kann kein Zufall sein.

Nun kann man den Zusammenhang für ein beliebiges rechtwinkliges Dreieck formulieren:

$\overline{AC}^2 + \overline{BC}^2 = \overline{AB}^2$

oder

$a^2 + b^2 = c^2$

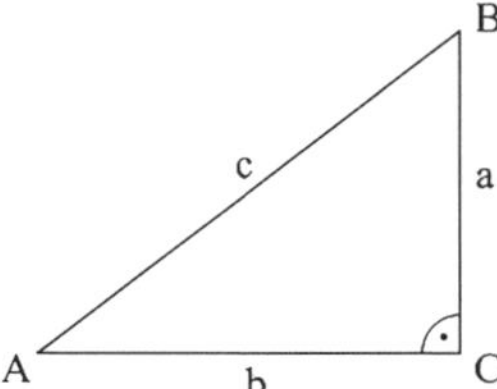

Der Satz des Pythagoras

In einem rechtwinkligen Dreieck mit den Bezeichnungen aus der Abbildung gilt:

$a^2 + b^2 = c^2$

Die Bezeichnungen *Kathete* sowie *Hypotenuse* werden später eingeführt, damit die Entdeckung nicht gleich mit Fachterminologie überfrachtet wird.

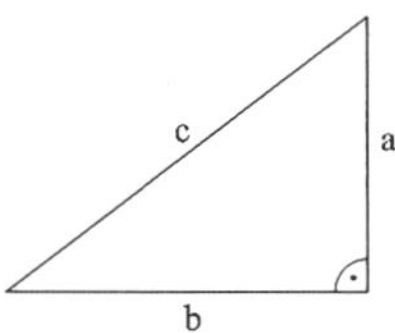

17.2 Direkte Anwendungen zum Satz des Pythagoras

Die Lehrperson bleibt zunächst mit Absicht bei den bekannten Figuren, bei denen sie nun Einiges ändert.

Aufgabe 1

Berechne x aus der Abbildung.

Lösung

$4^2 + 3^2 = x^2$

$16 + 9 = x^2$

$25 = x^2 \quad |\sqrt{\ }$

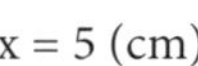

$x = 5$ (cm)

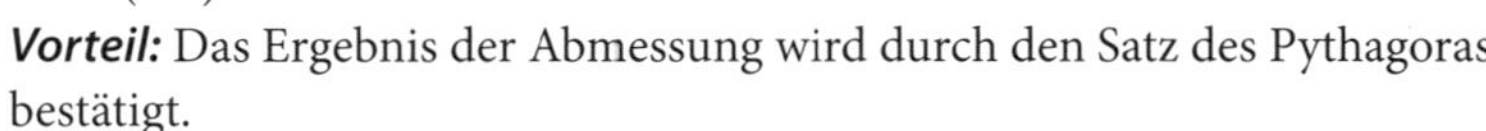

Vorteil: Das Ergebnis der Abmessung wird durch den Satz des Pythagoras bestätigt.

Aufgabe 2

Berechne x aus der Abbildung.

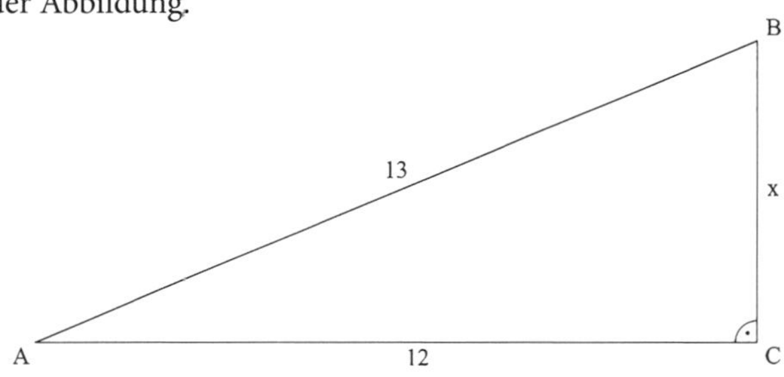

Lösung

$122 + x^2 = 13^2$

$144 + x^2 = 169$

$x^2 = 25 \quad |\sqrt{\ }$

$x = 5$ (cm)

Vorteil: Eine von den Konstruktionen bekannte Seitenlänge wird durch den Satz des Pythagoras bestätigt.

17.3 Der Satz des Pythagoras anders formuliert

Die bekannte Formulierung $a^2 + b^2 = c^2$ funktioniert so lange, wie diese Bezeichnungen unverändert gelten. Bei neuen, anderen Bezeichnungen, werden viele Schülerinnen und Schüler verunsichert. Das kommende Beispiel bringt es auf den Punkt.

Aufgabe 3

Wie lautet der Satz des Pythagoras für das Dreieck aus der Abbildung?

Es ist sinnvoll, einige Reaktionen der Klasse abzuwarten.

Hier einige denkbare Rückmeldungen:

- $a^2 + b^2 = c^2$
- Irgendwas stimmt hier nicht.
- $a^2 + c^2 = b^2$ aber es war eigentlich anders, oder?!
- Ich stehe auf dem Schlauch.
- Mich verwirrt, dass dieselben Buchstaben jetzt anderswo stehen.

Um Klarheit zu schaffen, greift die Lehrperson auf das **strukturelle Denken** zurück. Zunächst spielerisch, erst danach mit der üblichen mathematischen Terminologie.

In jedem rechtwinkligen Dreieck liegt die längste Seite dem rechten Winkel gegenüber.

Man kann dies auch an den Dreiecken mit 3, 4, 5 bzw. 12, 5, 13 erläutern.

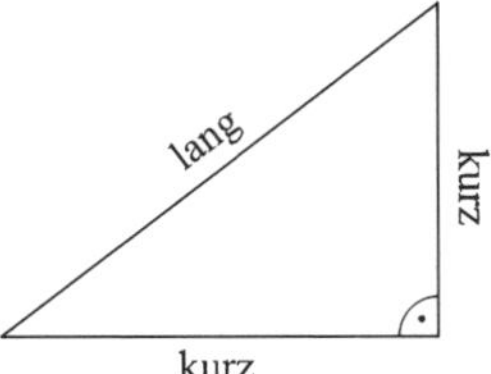

Statt a, b und c schreibt man „kurz“, „kurz“ und „lang“ hin.

Der Satz des Pythagoras besagt dann:

$\text{kurz}^2 + \text{kurz}^2 = \text{lang}^2$

Bei der vorherigen Aufgabe sind die kurzen Seiten a und c. Daher ist in diesem Dreieck

$a^2 + c^2 = b^2$

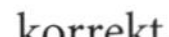
korrekt.

Vorteil: Durch die spielerische Formulierung $\text{kurz}^2 + \text{kurz}^2 = \text{lang}^2$ erhält die Klasse ein Muster, um bei jedem Dreieck den Satz des Pythagoras richtig anzuwenden. Man ist nicht mehr „buchstabenabhängig“.

Nun kann die übliche mathematische Terminologie eingeführt werden.

In der Mathematik verwendet man folgende Bezeichnungen:
Die zwei kürzeren Seiten eines rechtwinkligen Dreiecks heißen **Katheten.**
Die längste Seite eines rechtwinkligen Dreiecks heißt **Hypotenuse.**

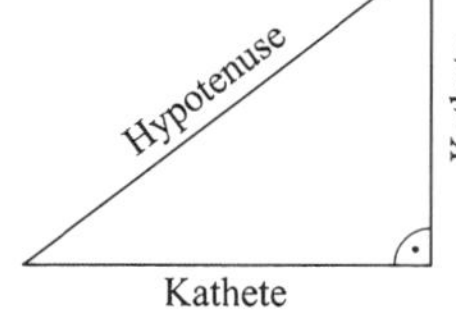

Es wäre schade, die spielerische Formulierung damit abzuschaffen.
Stattdessen kann man Schülersprache und Mathematikersprache nebeneinanderstellen. Eine Möglichkeit hierfür:

Schülersprache	**Mathematikersprache**
kurze Seite	Kathete
lange Seite	Hypotenuse
$\text{kurz}^2 + \text{kurz}^2 = \text{lang}^2$	Die Summe der zwei Katheten im Quadrat ergibt die Hypotenuse im Quadrat.

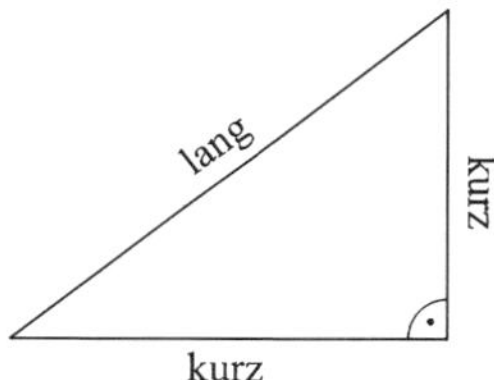

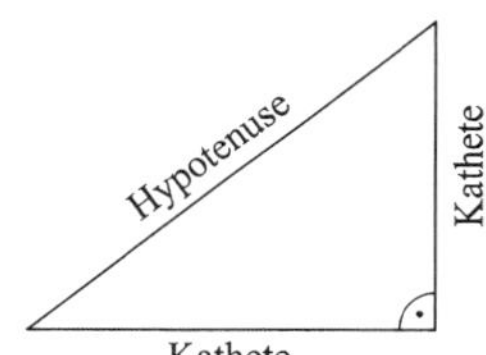

Vorteil: Man baut eine Brücke zwischen Schülersprache und Mathematikersprache.
Ansprache an die Klasse: Eine *eigene Schülersprache ist sinnvoll,* denn so könnt ihr besser verstehen, worum es geht. Sie ist aber je nach Person *unterschiedlich* und ist daher manchmal vielleicht unklar oder leicht *missverständlich.*
Die *Mathematikersprache* ist hingegen *einheitlich* und damit *für alle klar* und *eindeutig.* Jeder *darf* in einer *eigenen Sprache denken* – und ihr solltet dies auch tun. So kommt ihr häufig besser voran. Bei einer Arbeit oder Prüfung müsst ihr aber am Ende alles in die einheitliche *Mathematikersprache* übersetzen und es so wiedergeben – damit jeder genau versteht, was ihr meint.

Nach dieser Einführung kann man den Satz des Pythagoras üben. Die Klasse hat einen wichtigen Anhaltspunkt bekommen, wie man in jedem Dreieck die entsprechende Gleichung korrekt aufstellen kann.

Winkelfunktionen

18

Vorbemerkung: Die Definitionen von sin, cos und tan kommen den meisten Schülerinnen und Schüler willkürlich vor. In diesem Beitrag entdecken sie zunächst anhand eines Beispiels, wie bestimmte Seitenverhältnisse zu bekannten Winkeln führen. Ein zweites Beispiel zeigt Gemeinsamkeiten zwischen Seitenverhältnissen und Winkeln. Die Definitionen führt man erst anschließend ein. Diese erscheinen dann schlüssig, denn sie basieren auf den gemeinsam entdeckten Zusammenhängen.

18.1 Einführungsbeispiele

Beispiel 1

In einem *1. Schritt* betrachtet man ein gleichseitiges Dreieck mit der Seitenlänge 2 cm. Man zeichnet die Höhe h ein und berechnet sie mit dem Satz des Pythagoras.

$h^2 + 1^2 = 2^2$

$h^2 + 1 = 4$

$h^2 = 3$

$h = \sqrt{3}$

$h = \sqrt{3}$ wird nun eingetragen.

Man ermittelt die Winkel im rechten Dreieck: 60° (als 180° : 3) und 30° (als 60° : 2).

In diesem Dreieck sind jetzt alle Seiten und alle Winkel bekannt. Das Dreieck kann man leicht schraffieren, um es hervorzuheben.

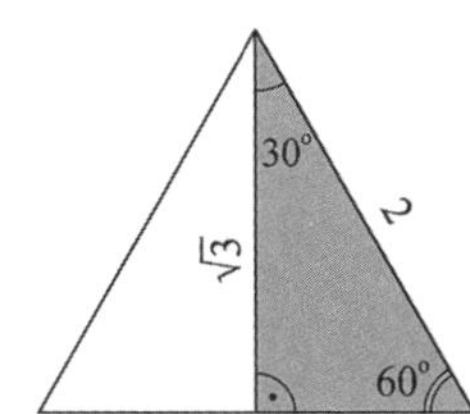

In einem *2. Schritt* bittet die Lehrperson die Klasse darum, die Taschenrechner einzuschalten. Es werden folgende Befehle durchgeführt:

$\frac{1}{2} \xrightarrow{\sin^{-1}} 30$ $\quad \frac{\sqrt{3}}{2} \xrightarrow{\sin^{-1}} 60$ $\quad \frac{1}{\sqrt{3}} \xrightarrow{\tan^{-1}} 30$

$\frac{1}{2} \xrightarrow{\cos^{-1}} 60$ $\quad \frac{\sqrt{3}}{2} \xrightarrow{\cos^{-1}} 30$ $\quad \frac{\sqrt{3}}{1} \xrightarrow{\tan^{-1}} 60$

Man stellt fest, dass man mit Hilfe von Seitenverhältnissen die Winkel des Dreiecks erhalten kann.

Vorteil: Jeder Winkel wurde sogar dreimal bestätigt. Dies kann daher kein Zufall sein kann.

Die Frage des Tages:
Was weiß der Taschenrechner, was ihr noch nicht wisst?

Die Klasse hat gerade gesehen, dass zwischen Seitenverhältnissen und Winkeln Zusammenhänge bestehen. Woher diese kommen, ist jedoch noch unklar. Die Taschenrechnerbefehle sind für sie noch willkürlich und ergeben noch keinen Sinn. Daher betrachtet man zunächst ein weiteres Beispiel.

Beispiel 2

Das schraffierte Dreieck aus Beispiel 1 wird noch einmal gezeichnet, jedoch um 90° gedreht. Danach wird es verdoppelt. Im großen Dreieck betragen damit die Seitenlängen 2, 4 und $2\sqrt{3}$.
Durch die Verdoppelung haben sich die Winkelgrößen nicht verändert.

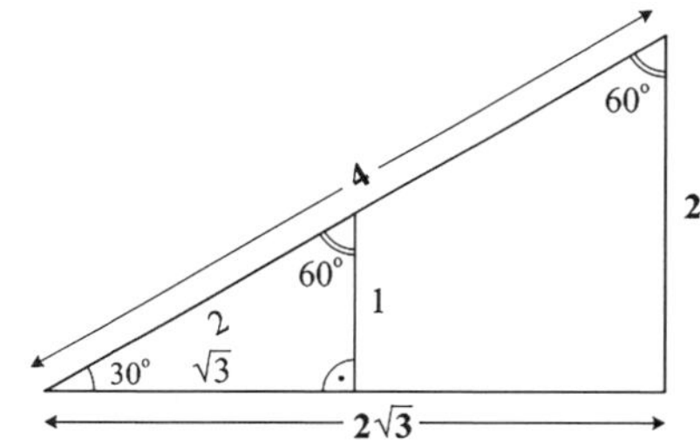

Man kann einige Taschenrechnerbefehle im großen Dreieck durchführen:

$\frac{2}{4} \xrightarrow{\sin^{-1}} 30$ $\quad \frac{2\sqrt{3}}{4} \xrightarrow{\cos^{-1}} 30$ $\quad \frac{2}{2\sqrt{3}} \xrightarrow{\tan^{-1}} 30$

Man hält noch fest:
$\frac{1}{2} = \frac{2}{4}, \frac{\sqrt{3}}{2} = \frac{2\sqrt{3}}{4}, \frac{1}{\sqrt{3}} = \frac{2}{2\sqrt{3}}, \frac{\sqrt{3}}{1} = \frac{2\sqrt{3}}{2}$

Vorteil: Wichtige Zusammenhänge werden an einem Beispiel veranschaulicht.
An dieser Stelle kann man das Wesentliche zusammenfassen.

Zusammengefasst: Wenn man ein Dreieck vergrößert oder verkleinert, ändern sich zwar die Seitenlängen, aber sowohl die Seitenverhältnisse als auch die Winkel bleiben unverändert.
Daher sind Seitenverhältnisse geeignet um Winkel zu ermitteln.

18.2 Die Definition der Winkelfunktionen sin, cos und tan

Die Seitenverhältnisse aus den zwei Einführungsbeispielen werden auf ein beliebiges rechtwinkliges Dreieck übertragen. Ebenfalls kann man an jeder Stelle sin, cos und tan übernehmen, jedoch ohne hoch −1. Die Bezeichnungen *Gegenkathete* und *Ankathete* werden eingeführt.

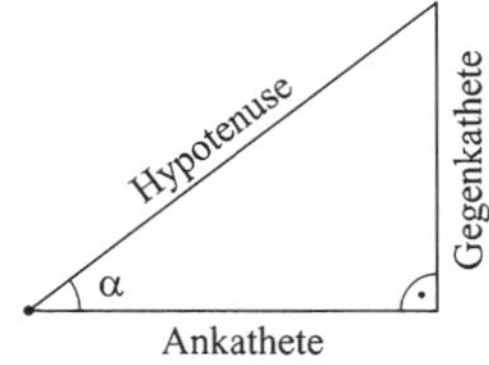

$\sin(\alpha) = \frac{\text{Gegenkathete}}{\text{Hypotenuse}}$

$\cos(\alpha) = \frac{\text{Ankathete}}{\text{Hypotenuse}}$

$\tan(\alpha) = \frac{\text{Gegenkathete}}{\text{Ankathete}}$

18.3 Eine etwas andere Beschreibung der Winkelfunktionen

Die Bezeichnungen *Gegenkathete, Ankathete* sowie *Hypotenuse* sind für die Lernenden nichtssagend. Außerdem: Was passiert, wenn man einen anderen Winkel hat oder wenn das Dreieck eine andere Lage hat?

An dieser Stelle bietet das Autorenteam eine Möglichkeit an, die Definitionen schülerfreundlicher zu gestalten.

Wir stellen uns vor: Wir stehen beobachtend an jenem Eckpunkt, bei dem der Winkel liegt und schauen uns das Dreieck an. Uns liegt dann eine Seite gegenüber, die wir mit „gegenüber" bezeichnen. Neben uns liegen zwei Seiten. Die längere von ihnen bezeichnen wir mit „lang", die andere Seite „neben mir".

Man kann mit einem Finger den Standort (den fett markierten Punkt) berühren. So kann man sich besser vorstellen, dass man an dieser Stelle stehen würde.

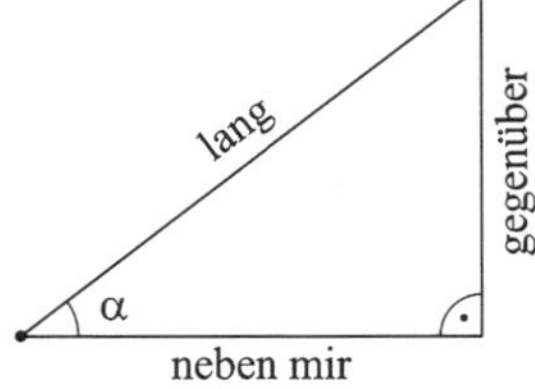

Dann gilt:

$\sin(\alpha) = \frac{\text{gegenüber}}{\text{lang}}$

$\cos(\alpha) = \frac{\text{neben mir}}{\text{lang}}$

$\tan(\alpha) = \frac{\text{gegenüber}}{\text{neben mir}}$

Oder, wenn man den Winkel und damit seinen „Standort“ wechselt:

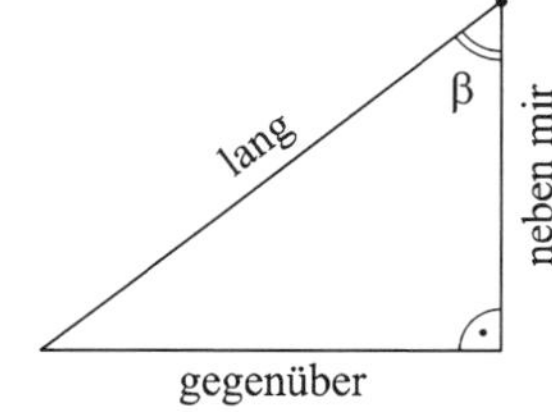

$\sin(\beta) = \frac{\text{gegenüber}}{\text{lang}}$

$\cos(\beta) = \frac{\text{neben mir}}{\text{lang}}$

$\tan(\beta) = \frac{\text{gegenüber}}{\text{neben mir}}$

Vorteil: Den Lernenden bietet man eine Alternativmöglichkeit an, um sich die neuen Begriffe zu merken.
Nun kann man die Schülersprache und die Mathematikersprache nebeneinanderstellen:

Schülersprache	**Mathematikersprache**
gegenüber	Gegenkathete
neben mir	Ankathete
lang	Hypotenuse
$\sin(\alpha) = \frac{\text{gegenüber}}{\text{lang}}$	$\sin(\alpha) = \frac{\text{Gegenkathete}}{\text{Hypotenuse}}$
$\cos(\alpha) = \frac{\text{neben mir}}{\text{lang}}$	$\cos(\alpha) = \frac{\text{Ankathete}}{\text{Hypotenuse}}$
$\tan(\alpha) = \frac{\text{gegenüber}}{\text{neben mir}}$	$\tan(\alpha) = \frac{\text{Gegenkathete}}{\text{Ankathete}}$

Vorteil: Man baut eine Brücke zwischen den zwei Denkweisen.
Ansprache an die Klasse: Eine *eigene Schülersprache ist sinnvoll,* denn so könnt ihr besser verstehen, worum es geht. Sie ist aber je nach Person *unterschiedlich* und ist daher manchmal vielleicht unklar oder leicht *missverständlich.* Jeder *darf* in einer *eigenen Schülersprache denken* – und ihr solltet dies auch tun. So kommt ihr häufig besser voran. Bei einer Arbeit oder Prüfung müsst ihr aber am Ende alles in die einheitliche *Mathematikersprache* übersetzen und es so wiedergeben – damit jeder genau versteht, was ihr meint.
Anmerkung: Es ist gut denkbar, dass sich einige aus der Klasse die Definitionen anders merken.

Wurzelgleichungen

19

Vorbemerkung: Die meisten bekannten Umformungen sind gleichwertig und die Lernenden betrachten dies als selbstverständlich, da sie zahlreiche Erfahrungswerte damit gemacht haben. Das Quadrieren beider Seiten einer Gleichung bietet hier die Chance zu zeigen, dass nicht alle Umformungen gleichwertig sind. Dies ist für die Lernenden in der Regel neu und überraschend. Das Autorenteam legt in diesem Unterrichtsvorschlag besonderen Wert darauf, zu entdecken und zu erklären, warum das Quadrieren keine gleichwertige Umformung darstellt.

19.1 Einführungsbeispiel

Als Einführungsbeispiel betrachtet man eine einfache Aufgabe.

Aufgabe

Löse die Gleichung $x = \sqrt{2 - x}$.

In einem kurzen Unterrichtsgespräch kann man thematisieren: Wegen des Wurzelzeichens sind Umformungen, wie zum Beispiel das Zusammenfassen von Termen, nicht möglich.
Bevor die Lehrperson beide Seiten der Gleichung quadriert, betrachtet sie zunächst ein Zahlenbeispiel.

Zahlenbeispiel
$(\sqrt{3})^2 = \sqrt{3} \cdot \sqrt{3} = \sqrt{3 \cdot 3} = \sqrt{9} = 3$, also $(\sqrt{3})^2 = 3$
Vorteil: Die Klasse entdeckt eine Regel.
Die entdeckte Regel wird allgemein formuliert:
Merke: $(\sqrt{a})^2 = a$
Nun kehrt die Lehrperson zur Gleichung zurück:
$x = \sqrt{2 - x}$
Durch Quadrieren beider Seiten erhält man:
$x^2 = (\sqrt{2 - x})^2$
$x^2 = 2 - x$
$x^2 + x - 2 = 0$
Diese quadratische Gleichung hat als Lösungen $x_1 = 1$ und $x_2 = -2$.
Man macht nun die Probe in der Ausgangsgleichung:

$x_1 = 1$	$x_2 = -2$
$1 = \sqrt{2-1}$	$-2 = \sqrt{2-(-2)}$
$1 = 1 \quad \checkmark$	$-2 = \sqrt{4}$ stimmt aber nicht.

An dieser Stelle macht die Lehrperson folgende Bemerkung:
Beachte: Laut Definition ist $\sqrt{4} = 2$. Daher treffen weder $\sqrt{4} = -2$ noch $\sqrt{4} = \pm 2$ zu.
Der Widerspruch $\sqrt{4} = -2$ kann aber dazu führen, dass einige aus der Klasse die Definition der Wurzel kritisch hinterfragen. Mögliche Fragen:

Frage 1

Es ist $(-2)^2 = 4$. Warum definiert man dann nicht $\sqrt{4}$ als $\sqrt{4} = -2$?
Eine mögliche Antwort: In diesem Fall müsste man konsequent jede Quadratwurzel als negative Zahl definieren. Dann würde aber gelten:
$-6 = \sqrt{36} = \sqrt{4 \cdot 9} = \sqrt{4} \cdot \sqrt{9} = (-2) \cdot (-3) = 6$
Also $-6 = 6$, Widerspruch.
Vorteil: Die Klasse versteht, warum das Ergebnis einer Quadratwurzel positiv sein muss.

Frage 2

Die Gleichung $x^2 = 4$ hat als Lösungen $x_{1;\,2} = \pm 2$. Warum definiert man dann $\sqrt{4}$ nicht als $\sqrt{4} = \pm 2$?
Eine mögliche Antwort: Mit $\sqrt{4} = \pm 2$ hätte man beim Wurzelziehen kein eindeutiges Ergebnis.
Nun kehrt die Lehrperson zum Einführungsbeispiel zurück. Die Probe zeigt, dass $x_2 = -2$ keine Lösung ist.
Eine wichtige Frage ist aber noch offen, nämlich: Wieso erhält man ein falsches Ergebnis, obwohl es keinen Rechenfehler gibt?
Damit die Klasse den springenden Punkt selbst entdecken kann, wiederholt die Lehrperson die Lösung so, dass sie parallel dazu alle Umformungen auch mit dem Wert $x = -2$ durchführt.

mit x	mit $x = -2$	mit $x = -2$, vereinfacht
$x = \sqrt{2-x}$	$-2 = \sqrt{2-(-2)}$	$-2 = 2$ ist *falsch*
$x^2 = \left(\sqrt{2-x}\right)^2$	$(-2)^2 = \left(\sqrt{2-(-2)}\right)^2$	$4 = \left(\sqrt{4}\right)^2 \quad \checkmark$
$x^2 = 2 - x$	$4 = 2 - (-2)$	$4 = 4 \quad \checkmark$

Die Lehrperson fasst nun das Wichtigste zusammen:
Der Wert $x = -2$ ist keine Lösung der Ausgangsgleichung, denn $-2 \neq 2$.
Der Wert $x = -2$ ist aber eine Lösung der Gleichung nach dem Quadrieren, denn $(-2)^2 = 2^2$.

Zusammengefasst: Die falsche Lösung $x = -2$ entstand durch das Quadrieren beider Seiten.
Vorteil: Die Klasse entdeckt, dass Quadrieren keine gleichwertige Umformung ist.

19.2 Quadrieren beider Seiten – eine allgemeine Untersuchung

Die Klasse hat an einem Beispiel erlebt, dass Quadrieren keine gleichwertige Umformung ist. Die Lehrperson zeigt nun eine kurze, aber allgemeine Untersuchung, die die Rolle des Quadrierens genauer beleuchtet.

$a = b$ (*)

Durch Quadrieren erhält man:

$a^2 = b^2$ (**)

$a^2 - b^2 = 0$

Man wendet nun die dritte binomische Formel an:

$(a - b)(a + b) = 0$

$a - b = 0$ oder $a + b = 0$

Die ursprüngliche Gleichung (*) kann man so schreiben:

$a - b = 0$

Die Gleichung (**) nach dem Quadrieren bedeutet:

$a - b = 0$ oder $a + b = 0$

(**) beinhaltet also die „alte Gleichung“ $a - b = 0$, dazu kommt aber noch die „neue Gleichung“ $a + b = 0$.

Dies bedeutet: Es gehen keine Lösungen verloren, es könnten aber neue, fremde Lösungen hinzukommen.

Im Einführungsbeispiel ist $x = 1$ eine Lösung der Gleichung $a - b = 0$, aber $x = -2$ ist eine Lösung der Gleichung $a + b = 0$.

Vorteil: Die Klasse gewinnt einen genaueren Überblick darüber, was das Quadrieren beider Seiten bewirkt.

Merke: Quadrieren beider Seiten einer Gleichung ist keine gleichwertige Umformung. Es gehen zwar keine Lösungen verloren, aber es könnten neue, fremde Lösungen erscheinen. Daher ist eine Probe in der Ausgangsgleichung zwingend nötig. Eventuelle fremde Lösungen werden verworfen.

Im Einführungsbeispiel muss man $x = -2$ verwerfen. Die Gleichung hat als Lösung $x = 1$.

Im Einführungsbeispiel kann man die Gleichung $a + b = 0$ als solche nicht erkennen. Denn durch das Quadrieren wurden „die Spuren verwischt“.

Daher ist es aus didaktischer Sicht sinnvoll, zunächst ein anderes Beispiel zu betrachten.

Beispiel

$x = 3$

Diese Gleichung hat als einzige Lösung $x = 3$.

Durch Quadrieren beider Seiten erhält man:

$x^2 = 3^2$

$x^2 - 3^2 = 0$

$(x - 3)(x + 3) = 0$

$x - 3 = 0$ oder $x + 3 = 0$

$x_1 = 3 \qquad x_2 = -3$

Man erhält die bekannte Lösung $x_1 = 3$, aber auch eine fremde Lösung $x_2 = -3$.

Vorteil: Die Klasse kann die Entstehung einer fremden Lösung genau nachvollziehen.

19.3 Aufgaben

Aufgabe 1

$x = \sqrt{10 - 3x}$

Lösung

$x = \sqrt{10 - 3x} \qquad |^2$

$x^2 = 10 - 3x$

$x^2 + 3x - 10 = 0$

Diese quadratische Gleichung hat als Lösungen $x_1 = 2$ und $x_2 = -5$.

Probe in der Ausganggleichung:

$x_1 = 2$	$x_2 = -5$
$2 = \sqrt{10 - 3 \cdot 2}$	$-5 = \sqrt{10 - 3 \cdot (-5)}$
$2 = \sqrt{4}$ ✓	$-5 = \sqrt{25}$ stimmt aber nicht.

Die Gleichung hat als Lösung $x = 2$.

Aufgabe 2

$\sqrt{7x - 12} = x$

Lösung

$\sqrt{7x - 12} = x \qquad |^2$

$7x - 12 = x^2$

$x^2 - 7x + 12 = 0$

Diese quadratische Gleichung hat als Lösungen $x_1 = 3$ und $x_2 = 4$.

Probe in der Ausgangsgleichung:

$x_1 = 3$	$x_2 = 4$
$\sqrt{7 \cdot 3 - 12} = 3$	$\sqrt{7 \cdot 4 - 12} = 4$
$\sqrt{9} = 3$ ✓	$\sqrt{16} = 4$ ✓

Die Gleichung hat als Lösung $x_1 = 3$ und $x_2 = 4$.

Vorteil: Die Klasse erlebt: Es ist auch möglich, dass durch Quadrieren keine fremden Lösungen entstehen.

Aufgabe 3

$2\sqrt{4 - 2x} = 2x - 5$

Lösung

$2\sqrt{4 - 2x} = 2x - 5 \quad |^2$

$4(4 - 2x) = (2x - 5)^2$

$16 - 8x = 4x^2 - 20x + 25$

$4x^2 - 12x + 9 = 0$

Diese quadratische Gleichung hat als Lösung $x = 1{,}5$.

Probe in der Ausganggleichung:

$2 \cdot \sqrt{4 - 2 \cdot 1{,}5} = 2 \cdot 1{,}5 - 5$

$2 \cdot \sqrt{1} = -2$

$2 = -2$ stimmt nicht.

Die Gleichung hat daher keine Lösung.

Vorteil: Die Klasse erlebt: Es ist möglich, dass eine Wurzelgleichung keine Lösung besitzt.

20 Kombinatorik

Vorbemerkung: Um die Anzahl der möglichen sowie der günstigen Fälle zu ermitteln sind bei hohen Anzahlen gesonderte Rechentechniken erforderlich. Kombinatorik ist aber darüber hinaus ein Themenbereich in sich. Aufgaben dazu können sogar in der Oberstufe vorkommen.

20.1 Produktregel

Man kann die Produktregel entdecken lassen.

Einführungsbeispiel

Wie viele dreistellige Zahlen kann man mit den Ziffern 0, 1 und 2 bilden?
Lösungshinweis: Eine Wiederholung der Ziffern ist erlaubt. Keine Zahl darf als erste Ziffer 0 haben.

Lösung

Durch systematisches Probieren kann man alle Zahlen aufzählen:

100	200
101	201
102	202
110	210
111	211
112	212
120	220
121	221
122	222

Die rechte Spalte entsteht, indem man in der linken Spalte die führende 1 durch eine 2 ersetzt.
Es sind insgesamt 18 Zahlen.
Die Lehrperson fertigt nun folgendes Schema an der Tafel an:

1. Ziffer	2. Ziffer	3. Ziffer
↓	↓	↓
2 Möglichkeiten	3 Möglichkeiten	3 Möglichkeiten

Die Lehrperson stellt folgende Frage:
Welche Grundrechenarten muss man zwischen 2, 3 und 3 schreiben, damit man als Ergebnis 18 erhält?
2 3 3 = 18

Es ist davon auszugehen, dass in kurzer Zeit viele Schülerinnen und Schüler die richtige Antwort geben:

$2 \cdot 3 \cdot 3 = 18$ (Produktregel)

Vorteil: Die Klasse entdeckt die Produktregel selbstständig. Die neue Regel wird in das bekannte Umfeld einer gelösten Aufgabe eingebettet.

Auf eine genaue Formulierung der Regel kann man bewusst verzichten, denn sie ist viel zu umständlich.

Stattdessen kann die Klasse die empirisch entdeckte Regel an weiteren Aufgaben üben und festigen.

Aufgabe 1

Wie viele fünfstellige Zahlen kann man mit den Ziffern 0, 1, …, 9 bilden?

Hinweis: Eine Wiederholung der Ziffern ist erlaubt. Keine Zahl darf als erste Ziffer 0 haben.

Vorteil: Die Klasse kennt bereits eine ähnliche gelöste Aufgabe.

Lösung

1. Ziffer	2. Z.	3. Z.	4. Z.	5. Z.
↓	↓	↓	↓	↓
9 Mögl.	10	10	10	10

Aus der Produktregel folgt:

$9 \cdot 10 \cdot 10 \cdot 10 \cdot 10 = 90\,000$

Es sind insgesamt 90 000 Zahlen.

Mit Hilfe der nächsten Aufgabe kann man die Fakultät einführen.

Aufgabe 2

Ein Personenzug besteht aus sieben verschiedenen Waggons. Auf wie viele Arten kann man die Waggons anordnen?

Lösung

Im Gegensatz zu den bisherigen Aufgaben sind hier keine Wiederholungen möglich, da man einen Waggon nur einmal einsetzen kann:

1. Waggon	2. W.	3. W.	4. W.	5. W.	6. W.	7. W.
↓	↓	↓	↓	↓	↓	↓
7 Mögl.	6	5	4	3	2	1

Aus der Produktregel folgt:

$7 \cdot 6 \cdot 5 \cdot 4 \cdot 3 \cdot 2 \cdot 1 = 5\,040$

Es gibt 5 040 Möglichkeiten, die Waggons anzuordnen.

Beachte: Man versteht unter 7! (gesprochen: sieben **Fakultät**) das Produkt $1 \cdot 2 \cdot 3 \cdot 4 \cdot 5 \cdot 6 \cdot 7$, also ist $7! = 1 \cdot 2 \cdot 3 \cdot 4 \cdot 5 \cdot 6 \cdot 7$.

Allgemein definiert man **n Fakultät** als $n! = 1 \cdot 2 \cdot 3 \cdot \ldots \cdot n$.

20.2 Ziehen mit einem Griff

Man kann $\binom{n}{k}$ an Beispielen entdecken lassen.

Einführungsbeispiel

Aus den fünf Sportlerinnen A, B, C, D und E soll eine Zweiermannschaft gebildet werden.
Wie viele unterschiedliche Zweiermannschaften gibt es insgesamt?
Die Lehrperson kann zunächst auf die bekannte Produktregel zurückgreifen. Deren Korrektur führt zur neuen Formel.
Man kann folgendes Schema aufstellen:

1. Sportlerin	2. Sportlerin
↓	↓
5 Möglichkeiten	4 Möglichkeiten

Aus der **Produktregel** folgt $5 \cdot 4 = 20$.
Man kann aber durch **systematisches Probieren** alle Mannschaften aufzählen:

AB	BC	CD	DE
AC	BD	CE	
AD	BE		
AE			

Das Zusammenzählen ergibt jedoch nur 10 und keine 20 Mannschaften.
Es ist davon auszugehen, dass die unterschiedlichen Ergebnisse die Neugier der Klasse wecken.
Die Anwendung der Produktregel war fehlerhaft. Es ist übersehen worden, dass man in jeder Mannschaft die zwei Sportlerinnen noch der Reihenfolge nach ordnen kann:

1. Spielerin	2. Spielerin
↓	↓
2 Mögl.	1 Mögl.

Laut Produktregel geht dies auf $2 \cdot 1 = 2$ Arten.
Beispiel: AB und BA. Beide Möglichkeiten stellen jedoch dieselbe Mannschaft dar. Jede Mannschaft wurde also doppelt gezählt.
Man kann das Ergebnis korrigieren, indem man das Ergebnis 20 durch 2 teilt: $20 : 2 = 10$ ✓
Man kann denselben Term auch anders schreiben, wenn man auf Produkte zurückgreift: $\frac{5 \cdot 4}{2 \cdot 1}$.
Vorteil: Die Aufgabe ist gut zugänglich. Indem man auf die bekannte Produktregel zurückgreift, entdeckt man deren Grenzen und erfährt dabei etwas Neues.

Die Klasse weiß nun, warum die bekannte Produktregel diesmal ein falsches Ergebnis lieferte. Das Wesentliche, das über die Aufgabe hinausgeht, muss noch allgemeiner thematisiert werden.
Merke: Bei der *Produktregel* zählt die *Reihenfolge*. Bei Fragestellungen, bei denen die Reihenfolge ohne Bedeutung ist, kann man daher die Produktregel *nicht* anwenden.
Die Lehrperson kann nun Binomialkoeffizienten einführen.
$\binom{5}{2}$ gibt die Anzahl der Möglichkeiten an, auf wie vielen Arten von 5 Personen 2 ausgewählt werden können, wenn die Reihenfolge keine Rolle spielt.
Die Lehrperson kann der Klasse zeigen, wie man $\binom{5}{2}$ mit dem Taschenrechner ermitteln kann. Das Ergebnis 10 wird bestätigt.
Allgemein: $\binom{n}{k}$ gibt die Anzahl der Möglichkeiten an, auf wie vielen Arten von n Objekten k ausgewählt werden können, wenn die Reihenfolge keine Rolle spielt (n und k sind natürliche Zahlen, $k \leq n$).
Schließlich kann man die Formel mit Fakultät in diesem Fall herleiten:

$$\binom{5}{2} = \frac{5 \cdot 4}{1 \cdot 2}$$

Erweitert mit $3 \cdot 2 \cdot 1$ erhält man:

$$\binom{5}{2} = \frac{5 \cdot 4 \cdot 3 \cdot 2 \cdot 1}{1 \cdot 2 \cdot 3 \cdot 2 \cdot 1} = \frac{5!}{2! \cdot 3!} = \frac{5!}{2! \cdot (5-2)!}$$

Vorteil: Die Klasse kann die Formel bei diesem Beispiel allein herleiten.
Allgemein gilt:

$$\binom{n}{k} = \frac{n!}{k! \cdot (n - k!)}$$

Bei größeren Zahlen arbeitet man mit dem Taschenrechner.

Aufgabe 3
Auf wie viele Arten kann man aus einer Schulklasse mit 25 Schülerinnen und Schülern ein dreiköpfiges Team bilden?

Lösung

$$\binom{25}{3}$$

Der Taschenrechner liefert 2 300.

Systematisches Probieren ist bei höheren Zahlen ungeeignet.

Bisher kamen die zwei Rechentechniken getrennt vor. Es gibt aber auch Aufgaben, bei denen man beide braucht.

20.3 Anwendungen, bei denen beide Rechentechniken vorkommen

Aufgabe 4

Aus 40 Schülern und 3 Lehrerinnen wird eine Mannschaft gebildet, die aus genau 4 Schülern und einer Lehrerin bestehen soll.
Auf wie viele Arten ist dies möglich?

Lösung

Vier Schüler können auf $\binom{40}{4}$ Arten gewählt werden.
Eine Lehrerin kann auf $\binom{3}{1}$ Arten gewählt werden.

Schüler	Lehrerin
↓	↓
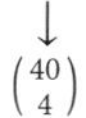	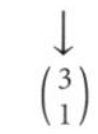

Aus der Produktregel folgt:
$\binom{40}{4} \cdot \binom{3}{1} = 91\,390 \cdot 3 = 274\,170$ Möglichkeiten.
Vorteil: Die Klasse wendet innerhalb einer Aufgabe beide Regeln an.

Aufgabe 5

Eine Mathe-AG wird von fünf Lernenden besucht und findet in einem Klassenzimmer mit 25 Stühlen statt.
Wie viele Möglichkeiten gibt es für die fünf Lernenden, sich zu setzen?

Lösung

Die Antwort hängt davon ab, wie man die Frage deutet.
Erste Deutung: Es zählt nur, welche Stühle belegt werden. Es spielt keine Rolle, wer auf welchem Stuhl sitzt.
Es gibt $\binom{25}{5} = 53\,130$ Möglichkeiten.
Zweite Deutung: Es zählt nicht nur, welche Stühle belegt sind, sondern auch, wer auf welchem Stuhl sitzt. Es gilt:

1. Schüler	2. S.	3. S.	4. S.	5. S.
↓	↓	↓	↓	↓
25 Mögl.	24	23	22	21

Die Produktregel liefert $25 \cdot 24 \cdot 23 \cdot 22 \cdot 21 = 6\,375\,600$ Möglichkeiten.

Vorteil: Die Klasse erlebt, dass es auch Situationen gibt, bei denen zunächst eine mögliche Deutung festgelegt werden muss.

Die k-Methode bei Körperberechnung

21

Vorbemerkung: Bei Körperberechnungen gibt es einige bekannte Fragestellungen bei denen sich der Rechenweg als anspruchsvoll erweist, wenn man die k-Methode nicht kennt. Letztere ermöglicht leichtere Lösungswege und eine einheitliche Vorgehensweise. Die k-Methode kann man sowohl bei Längenberechnungen als auch bei Flächenberechnungen und Volumenberechnungen einsetzen. Die Lernenden entdecken selbstständig die neue Methode. Nach drei Musteraufgaben können die Lernenden weitere Aufgaben auch allein lösen.

21.1 Einführung

Die Lehrperson teilt den Lernenden mit, dass sie eine neue Methode entdecken werden. Dazu werden eine Strecke der Länge 3 cm, ein Quadrat mit der Seitenlänge 3 cm sowie ein Würfel mit der Kantenlänge 3 cm mit dem Faktor $k = 2$ gestreckt. Das bedeutet, dass vom Streckzentrum S aus alle Längen verdoppelt werden. Die Lehrperson visualisiert Folgendes:

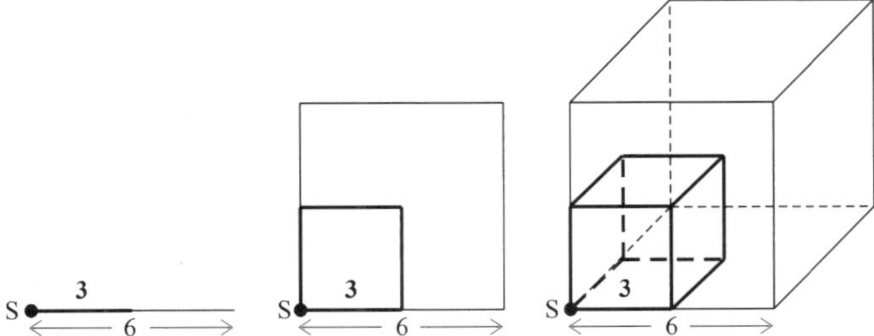

Die Ausgangsfiguren sind jeweils fett markiert.

Die Lehrperson bittet die Klasse, die Flächeninhalte des kleinen und des großen Quadrates zu berechnen.

$A_{klein} = (3\,cm)^2 = 9\,cm^2$, $A_{groß} = (6\,cm)^2 = 36\,cm^2$

Anschließend bittet die Lehrperson die Klasse, die Rauminhalte des kleinen und des großen Würfels zu berechnen.

$V_{klein} = (3\,cm)^3 = 27\,cm^3$, $V_{groß} = (6\,cm)^3 = 216\,cm^3$

Die Lehrperson fordert die Klasse abschließend dazu auf, Zusammenhänge zwischen $A_{groß}$ und A_{klein} sowie zwischen $V_{groß}$ und V_{klein} zu suchen, bei denen der Faktor $k = 2$ vorkommt.

Es ist davon auszugehen, dass einige der Lernenden schnell entdecken:

$36 = 4 \cdot 9 = 2^2 \cdot 9$, also $A_{groß} = 2^2 \cdot A_{klein}$

Vorteil: Die Lernenden haben einen Zusammenhang selbstständig entdeckt.
Bei den Rauminhalten kann man den Zusammenhang so herleiten:
$V_{groß} = 6^3 = (2 \cdot 3)^3 = 2^3 \cdot 3^3 = 2^3 \cdot V_{klein}$, also $V_{groß} = 2^3 \cdot V_{klein}$.
Die Lehrperson teilt den Lernenden mit, dass sie Zusammenhänge entdeckt haben, die sogar allgemeiner gelten.
Merke: Bei einer Vergrößerung mit dem Streckfaktor k gilt:
$Länge_{groß} = k \cdot Länge_{klein}$
$A_{groß} = k^2 \cdot A_{klein}$
$V_{groß} = k^3 \cdot V_{klein}$

Die Lehrperson fragt: Wenn man von unseren größeren Figuren ausgeht und sie verkleinert, was wäre dann der Streckfaktor k?
Antwort: $k = \frac{1}{2}$, da alle Längen halbiert werden.

Die Lehrperson fordert nun die Lernenden auf, die Zusammenhänge mit diesem k darzustellen. Es ist davon auszugehen, dass dies viele Lernende selbstständig können.
$3 = \frac{1}{2} \cdot 6$; $9 = \frac{1}{4} \cdot 36 = \left(\frac{1}{2}\right)^2 \cdot 36$; $27 = \frac{1}{8} \cdot 216 = \left(\frac{1}{2}\right)^3 \cdot 216$
Merke: Bei einer Verkleinerung mit dem Streckfaktor k gilt:
$Länge_{klein} = k \cdot Länge_{groß}$
$A_{klein} = k^2 \cdot A_{groß}$
$V_{klein} = k^3 \cdot V_{groß}$
Vorteil: Die Lernenden haben die Zusammenhänge in beide Richtungen entdeckt.

21.2 Musteraufgaben

Musteraufgabe 1

Bei einer senkrechten quadratischen Pyramide ist die Seitenlänge des Quadrates a = 10 cm und die Höhe der Pyramide h = 12 cm lang.

a) Eine zur Grundseite parallele Ebene schneidet von der Pyramide oben eine kleine Pyramide mit dem Volumen 50 cm^2 ab.
Ermittle, in welcher Höhe die Pyramide durchgeschnitten wurde.
Berechne den Flächeninhalt der Schnittfläche.

b) Die Pyramide wird durch eine andere, zur Grundseite parallele Ebene in einer Höhe von 8,4 cm durchgeschnitten.
Bestimme den Flächeninhalt der Schnittfläche.

Lösung

a) $V_{groß}$ ist das Volumen der Ausgangspyramide.

$V_{groß} = \frac{1}{3} \cdot G \cdot h = \frac{1}{3} \cdot (10\,cm)^2 \cdot 12\,cm = 400\,cm^3$

$V_{klein} = 50\,cm^3$, siehe Angabe.

Man fertigt eine (nicht maßstabsgetreue) Skizze an.

Die Lehrperson betont: Es handelt sich um eine zentrische Streckung. Das Streckzentrum ist die Spitze S. Der Streckfaktor k ist nicht bekannt.

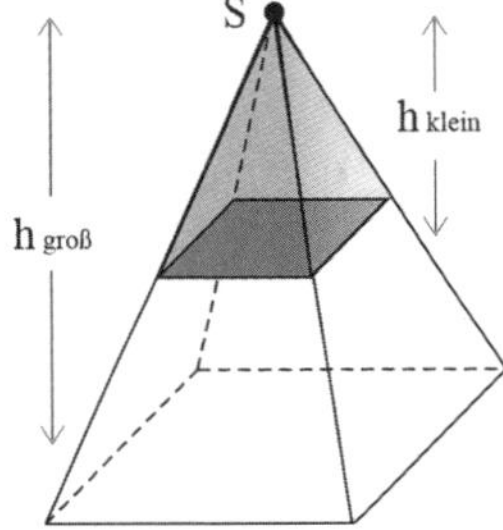

Laut k-Methode gilt:

$V_{klein} = k^3 \cdot V_{groß}$

$50 = k^3 \cdot 400 \quad |:400$

$k^3 = 0{,}125 \quad |\sqrt[3]{}$

$k = 0{,}5$

Berechnung der Höhe:

Da Höhen Längen sind, gilt laut Theorie:

$h_{klein} = k \cdot h_{groß}$

$h_{klein} = 0{,}5 \cdot 12$

$h_{klein} = 6$

Die Höhe von der Grundfläche beträgt 12 cm – 6 cm = 6 cm.

Berechnung der gesuchten Schnittfläche:

Laut Theorie gilt:

$A_{klein} = k^2 \cdot A_{groß}$

$A_{klein} = 0{,}5^2 \cdot 10^2 = 25$

Die Lehrperson bittet die Klasse, die Längen, die Flächen und die Rauminhalte mit Hilfe von $k = 0{,}5 = \frac{1}{2}$ zu vergleichen und die Ergebnisse zu deuten.

Die Länge 6 cm ist die Hälfte von 12 cm und $k = \frac{1}{2}$.

Der Flächeninhalt $25\,cm^2$ ist ein Viertel von $100\,cm^2$.

$k^2 = \left(\frac{1}{2}\right)^2 = \frac{1}{4}$

Vorteil: Die Lernenden erleben einen Aha-Effekt.

$50\,cm^3$ ist ein Achtel von $400\,cm^3$.

$k^3 = \left(\frac{1}{2}\right)^3 = \frac{1}{8}$

Vorteil: Die Lernenden erleben einen weiteren Aha-Effekt.

Die Lehrperson thematisiert nun folgenden Aspekt: Bei der kleinen Pyramide sind weder die Seitenlänge des Quadrates noch die Höhe bekannt. Ohne die k-Methode müsste man Bezeichnungen einführen (zum Beispiel Seitenlänge a und Höhe h für die kleine Pyramide), anschließend mit Formeln und mit Strahlensätzen arbeiten. Die

k-Methode hingegen bietet direkte Ansätze und eine einheitliche Vorgehensweise.
Der Lehrperson ist bewusst: Viele der Lernenden haben Schwierigkeiten die Strahlensätze korrekt anzuwenden sowie diese mit Formeln zu verknüpfen. Außerdem müsste man mit mehreren Variablen arbeiten.

b) Zunächst wird besprochen: Die *andere* parallele Ebene bedeutet, dass es sich um eine *andere* zentrische Streckung handelt. Es wäre daher ein **Denkfehler,** mit $k = 0{,}5$ zu arbeiten. Stattdessen muss man zunächst das neue k bestimmen.
Man kann aber trotzdem die Skizze von a) benutzen. Sie ist zwar nicht maßstabgetreu, erfasst aber anschaulich das Phänomen.
Die Lehrperson gibt der Klasse nun einen wichtigen Tipp.
TIPP: Findet heraus, was zweimal vorhanden ist: zwei Längen, zwei Flächen oder zwei Rauminhalte. Setzt zunächst dort an.
Bekannt sind diesmal zwei Längen, nämlich 12 cm und 8,4 cm.
Vorsicht Falle! h_{klein} ist nicht 8,4 cm, sondern $12 - 8{,}4 = 3{,}6$ cm.
$h_{klein} = k \cdot h_{groß}$
$3{,}6 = k \cdot 12 \quad |:12$
$k = 0{,}3$
Vorteil: So kann man bestimmte Längen ohne Strahlensatz bestimmen.
$A_{klein} = k^2 \cdot A_{groß}$
$A_{klein} = 0{,}3^2 \cdot 100 = 9$
Die Schnittfläche beträgt also $9\,cm^2$.

Musteraufgabe 2

Ein kegelförmiger Messbecher ist innen 18 cm hoch und hat am oberen Rand einen Innendurchmesser (ohne Wand) von 15 cm.

a) Ermittle, in welchem Abstand vom oberen Rand man auf die Mantellinie die Markierung von 0,3 l anbringen muss.

b) Eine andere Markierung befindet sich auf der Mantellinie 1,76 cm vom oberen Rand entfernt.
Bestimme das zugehörige Volumen. Runde sinnvoll.

Lösung

Mit dem Satz des Pythagoras kann man die Mantellinie s berechnen

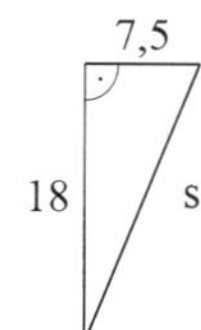

$s^2 = 18^2 + 7{,}5^2$
$s^2 = 380{,}25 \quad |\sqrt{\ }$
$s = 19{,}5$

a) Das Streckzentrum ist die Spitze S.

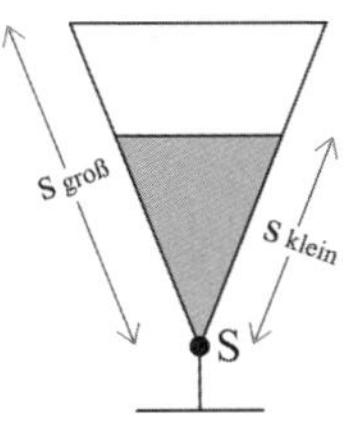

$V_{groß} = \frac{1}{3} \cdot G \cdot h = \frac{1}{3} \cdot \pi \cdot 7{,}5^2 \cdot 18 \approx 1\,060{,}29$

$V_{klein} = 0{,}3\,l = 0{,}3 \cdot 1\,000\,cm^3 = 300\,cm^3$

$V_{klein} = k^3 \cdot V_{groß}$

$300 = k^3 \cdot 1\,060{,}29 \quad |: 1\,060{,}29$

$k^3 = 0{,}282\,941 \quad |\sqrt[3]{\ }$

$k \approx 0{,}66$

Die Mantellinie ist eine Länge. Laut Theorie gilt:

$s_{klein} = k \cdot s_{groß}$

$s_{klein} = 0{,}66 \cdot 19{,}5 \approx 12{,}87$

Dies ist der Abstand von der Spitze. Der Abstand vom oberen Rand ist daher 19,5 cm − 12,87 cm = 6,63 cm.

b) Zunächst wird besprochen: Die *andere* Markierung bedeutet, dass es sich um eine *andere* zentrische Streckung handelt. Es wäre daher ein **Denkfehler,** mit $k \approx 0{,}66$ zu arbeiten. Stattdessen muss man zunächst das neue k bestimmen.

Man kann aber trotzdem die Skizze von a) benutzen. Sie ist zwar nicht maßstabgetreu, erfasst aber anschaulich das Phänomen.

$s_{klein} = 19{,}5 - 1{,}76 = 17{,}74$

$s_{klein} = k \cdot s_{groß}$

$17{,}74 = k \cdot 19{,}5 \quad |: 19{,}5$

$k \approx 0{,}91$

$V_{klein} = k^3 \cdot V_{groß}$

$V_{klein} = 0{,}91^3 \cdot 1\,060{,}29 \approx 799$

Gerundet ergibt sich das Volumen von $800\,cm^3$.

Musteraufgabe 3

Die Höhe einer Pyramide ist 8 m. In welcher Höhe muss man die Pyramide parallel zur Grundseite durchschneiden, damit sich ihr Volumen halbiert?

Lösung

Auf die berechtigte Frage: „Was für eine Pyramide ist es denn?!" antwortet die Lehrperson: Man weiß es nicht. Irgendeine.

Es gilt aber trotzdem $V_{klein} = k^3 \cdot V_{groß}$.

Volumen halbiert bedeutet $V_{klein} = \frac{1}{2} \cdot V_{groß}$

Eingesetzt:

$\frac{1}{2} \cdot V_{groß} = k^3 \cdot V_{groß} \quad |: V\_groß$

$\frac{1}{2} \cdot = k^3 \quad |\sqrt[3]{\ }$

$k \approx 0{,}7937$

$h_{klein} = k \cdot h_{groß}$
$h_{klein} = 0{,}7937 \cdot 8 \approx 6{,}35$
Schließlich gilt $8\,m - 6{,}35\,m = 1{,}65\,m$.
Der gesuchte Abstand zur Grundfläche beträgt also 1,65 m.
Vorteil: Die Lernenden erleben die Stärke der k-Methode. Wenn man eine beliebige 8 m hohe Pyramide in 1,65 m Höhe durchschneidet, wird das Volumen dieser Pyramiden halbiert.
Man hätte diese Aufgabe ohne die k-Methode nicht lösen können.

21.3 Anwendungen

Aufgabe 1

Ein kegelförmiges Kelchglas ist innen 10 cm hoch und hat am oberen Rand einen Innenradius von 3 cm. Im Kelchglas steht 8 cm hoch Saft.
Ermittle das Volumen des Saftes.

Lösung

Man fertigt als Skizze einen Querschnitt des Kelchglases an und rechnet:
$h_{klein} = k \cdot h_{groß}$
$8 = k \cdot 10 \quad |:10$
$k = 0{,}8$
$V_{groß} = \frac{1}{3} \cdot G \cdot h = \frac{1}{3} \cdot \pi \cdot 3^2 \cdot 10 \approx 94{,}25$
$V_{klein} = k^3 \cdot V_{groß}$
$V_{klein} = 0{,}8^3 \cdot 94{,}25 \approx 48{,}26$
Im Kelchglas befinden sich etwa $48\,cm^3$ Saft.
Anmerkung: Obwohl das Kelchglas bis zu 80 % seiner Höhe gefüllt ist, beträgt das Volumen des Saftes nur etwa die Hälfte des Gesamtvolumens.

Aufgabe 2

Ein Hohlkörper ist eine quadratische senkrechte Pyramide mit a = 3 cm und h = 4 cm. Wenn die Spitze nach unten zeigt (linke Abb.), wird der Hohlkörper mit Wasser gefüllt. Die Höhe des Wassers beträgt 3 cm. Nun wird der Körper umgedreht (rechte Abb.). Berechne nun die Höhe des Wassers.

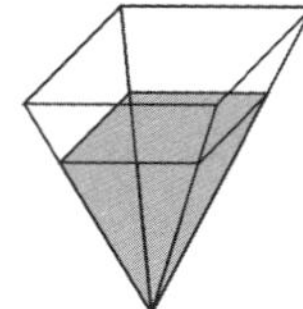

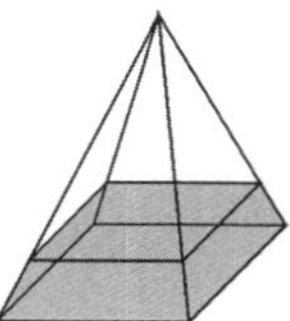

Lösung

Für die linke Abbildung gilt:

$h_{klein} = k \cdot h_{groß}$

$3 = k \cdot 4$

$k = 0{,}75$

$V_{groß} = \frac{1}{3} \cdot G \cdot h = \frac{1}{3} \cdot 3^2 \cdot 4 = 12$

$V_{klein} = k^3 \cdot V_{groß}$

$V_{klein} = 0{,}75^3 \cdot 12 = 5{,}0625$

Im Hohlkörper befinden sich also gut $5\,cm^3$ Wasser.

Für die rechte Abbildung gilt:

$V_{klein} = 12 - 5{,}0625 = 6{,}9375$

$V_{klein} = k^3 \cdot V_{groß}$

$6{,}9375 = k^3 \cdot 12 \quad |:12$

$k^3 \approx 0{,}58 \quad |\sqrt[3]{}$

$k \approx 0{,}83$

$h_{klein} = k \cdot h_{groß}$

$h_{klein} = 0{,}83 \cdot 4 = 3{,}32$

Die gesuchte Höhe ist 4 cm − 3,32 cm = 0,68 cm.

Aufgabe 3

Ein Kelchglas hat innen eine Höhe von 18 cm und einen Innendurchmesser von 10 cm.

a) Ins Kelchglas werden $400\,cm^3$ Wasser gegossen. Bestimme die Höhe des Wassers.

b) Das Kelchglas ist nun fast voll, in der Höhe fehlen nur noch 0,5 cm. Ermittle das Volumen des Wassers.

Lösung

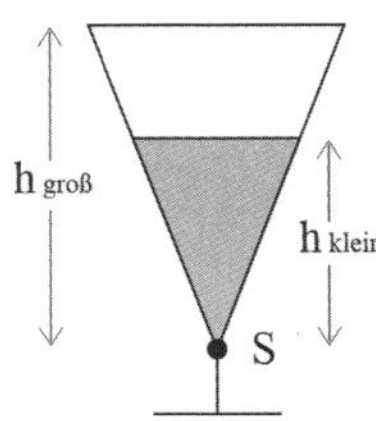

a) $V_{groß} = \frac{1}{3} \cdot G \cdot h = \frac{1}{3} \cdot \pi \cdot 5^2 \cdot 18 \approx 471{,}24$

$V_{klein} = k^3 \cdot V_{groß}$

$400 = k^3 \cdot 471{,}24$

$k^3 \approx 0{,}8489 \quad |\sqrt[3]{}$

$k \approx 0{,}95$

$h_{klein} = k \cdot h_{groß}$

$h_{klein} = 0{,}95 \cdot 18 = 17{,}1\,cm$

Das Wasser steht also gut 17 cm hoch im Kelchglas.

b) Man kann die Skizze von a) benutzen.

$h_{klein} = k \cdot h_{groß}$

$17{,}5 = k \cdot 18 \quad |: 18$

$k \approx 0{,}97$

$V_{klein} = k^3 \cdot V_{groß}$

$V_{klein} = 0{,}97^3 \cdot 471{,}24 \approx 430$

Das Volumen des Wassers beträgt etwa 430 cm³.

Aufgabe 4

Eine senkrechte quadratische Pyramide mit der Höhe 6 cm wird durch eine zur Grundseite parallele Ebene so durchgeschnitten, dass der Pyramidenstumpf $\frac{19}{27}$ des Volumens der Ausgangspyramide besitzt. In welcher Höhe verläuft diese parallele Ebene?

Lösung

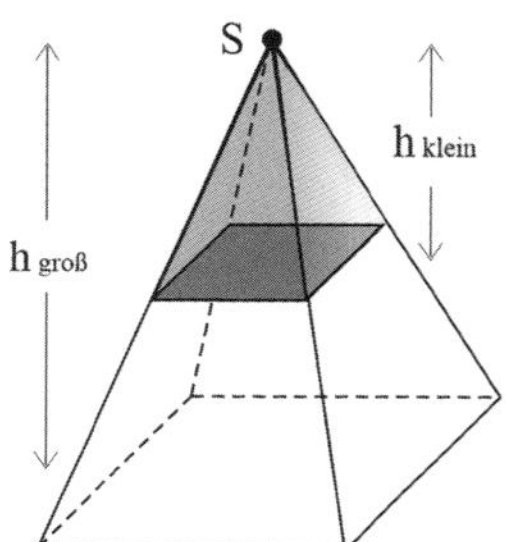

Die Pyramide oberhalb des Pyramidenstumpfes hat den Volumenanteil

$1 - \frac{19}{27} = \frac{8}{27}$

Anders ausgedrückt:

$V_{klein} = \frac{8}{27} \cdot V_{groß}$

Andererseits gilt:

$V_{klein} = k^3 \cdot V_{groß}$

Wenn man statt V_{klein} den Term $\frac{8}{27} \cdot V_{groß}$ einsetzt, erhält man:

$\frac{8}{27} \cdot V_{groß} = k^3 \cdot V_{groß} \quad |: V_{groß}$

$\frac{8}{27} = k^3 \quad |\sqrt[3]{}$

$k = \frac{2}{3}$

$h_{klein} = k \cdot h_{groß}$

$h_{klein} = \frac{2}{3} \cdot 6 = 4$

Man muss noch 6 cm − 4 cm = 2 cm rechnen.

Die Parallele hat also den Abstand von 2 cm zur Grundfläche.

Vierfeldertafel, Additionssatz

22

Vorbemerkung: Das Thema wird vom Autorenteam anhand einer Beispielaufgabe eingeführt, die Schritt für Schritt gemeinsam mit der Klasse gelöst wird. Sowohl die Vierfeldertafel als auch der Additionssatz werden von den Lernenden teils allein entdeckt.

22.1 Vierfeldertafel

Die Lehrperson stellt folgende Aufgabe:

Aufgabe 1
An einer Schule mit 400 Schülerinnen haben 330 Schülerinnen ein Handy und 170 Schülerinnen einen Laptop. 150 Schülerinnen haben sowohl ein Handy als auch einen Laptop.
Wie viele Schülerinnen haben weder ein Handy noch einen Laptop?

Die Lehrperson gibt den Schülerinnen und Schülern einige Minuten Zeit, eine Lösung zu finden oder zu erraten.
Wenn jemand die richtige Lösung von 50 Schülerinnen nennt, lobt die Lehrperson diese Lösung. Sie teilt der Klasse mit, dass man die Aufgabe auf eine besonders übersichtliche Weise lösen kann, die von allen gut nachvollziehbar ist.
Falls keine Lösung gefunden wird, wird dies natürlich ebenfalls angekündigt.
Vorteil: Schwächere Lernende werden durch die Aussicht motiviert, dass es ein gut nachvollziehbarer Lösungsweg folgt, den alle verstehen werden.
Die Lernenden können eine Kopie zum Einkleben mit einer leeren Vierfeldertafel erhalten.

	haben ein Handy	haben kein Handy	gesamt
haben einen Laptop			
haben keinen Laptop			
gesamt			

Vorteil: Statt den Bezeichnungen H, $\overline{H}$, L, $\overline{L}$ stehen in der Vierfeldertafel zunächst Stichworte. Dies führt in dieser Phase zum besseren Verständnis. Die Lehrperson trägt die Zahlen 330 und 400 in die Tabelle ein und bespricht mit der Klasse die Deutung von einigen ausgewählten Feldern. Man fordert die Klasse auf, die anderen zwei Angaben selbstständig in die Tabelle einzutragen. Es ist davon auszugehen, dass dies viele der Lernenden richtig machen werden.

	haben ein Handy	haben kein Handy	gesamt
haben einen Laptop	**150**		**170**
haben keinen Laptop			
gesamt	**330**		**400**

Die Lehrperson betont, dass es sich bei diesen vier Zahlen um die Angaben aus der Aufgabe handelt. Man bespricht mit der Klasse, warum in das Feld „haben einen Laptop *und* haben kein Handy" die Zahl 20 kommt und trägt diese mit einer anderen Farbe ein.
Vorteil: Die optische Trennung zwischen den Angaben und selbstständig ermittelten Zahlen ermöglicht einen besseren Überblick. Dies ist auch bei einer späteren Rückschau auf die Aufgabe hilfreich.

Die Lehrperson fordert die Klasse auf, für alle anderen Feldern die entsprechenden Zahlen selbst zu ermitteln. Diese werden anschließend verglichen.

	haben ein Handy	haben kein Handy	gesamt
haben einen Laptop	**150**	20	**170**
haben keinen Laptop	180	50	230
gesamt	**330**	70	**400**

Die Lehrperson kehrt zur Aufgabe 1 zurück und bittet die Klasse, die Antwort auf die gestellte Frage aus der Tabelle zu entnehmen. Man hält fest: 50 Schülerinnen haben weder ein Handy noch ein Laptop.

Die Lehrperson vergleicht gegebenenfalls die Lösung, die zu Beginn erraten wurde, mit der jetzt gefundenen Lösung.
Vorteil: Die Richtigkeit der Lösung wird noch einmal bestätigt.
Die Lehrperson weist darauf hin, dass man eine eingebaute Kontrolle für die gefundene Lösung hat. Die Gesamtzahlen müssen nämlich sowohl in den einzelnen Spalten als auch in den Reihen stimmen.

TIPP: Prüfe die Summe in jeder Spalte und jeder Zeile. Sollte die Rechnung irgendwo nicht stimmen, musst du alles noch einmal rechnen und den Fehler korrigieren.
Nun können die üblichen Abkürzungen eingeführt werden:

	H	$\overline{H}$	
L	150	20	170
$\overline{L}$	180	50	230
	330	70	400

Erst jetzt wird die Überschrift *Vierfeldertafel* angeschrieben.

Die Lehrperson kann an dieser Stelle den Unterricht auflockern. Eine Möglichkeit hierfür ist ein Schüler-Lehrer Dialog.
Charlene: Bis vier kann ich zählen. Es sind aber mehr als vier Felder!
Lehrer: Betrachte nur die Felder mit Zahlen.
Charlene: Es gibt neun Zahlen. Neunfeldertafel vielleicht?!
Lehrer: Von den neun Feldern haben die mittleren vier mit 150, 20, 180 und 50 eine besondere Bedeutung. Sie decken die Gesamtzahl 400 genau ab.
Charlene: Jetzt versuchen Sie, für diese vier Zahlen Werbung zu machen. Aber wir haben doch auch mit den anderen Zahlen von vorneherein gearbeitet.
Lehrer: Schon. Sie sind auch sinnvoll.
Charlene: Und wo ist dann der Unterschied?
Lehrer: Betrachten wir die Zahl 330. So viele Schülerinnen haben ein Handy. 180 davon haben keinen Laptop, 150 haben einen Laptop.
Charlene: Das ist doch alles nichts Neues.
Lehrer: Der Unterschied: 180 haben ein Handy und keinen Laptop. Dies ist ein klarer Fall. 150 haben ein Handy und einen Laptop. Auch ein klarer Fall. Bei 330 weiß man aber nicht so genau, denn einige haben einen Laptop, andere nicht.
Charlene: Aha! Bei 50 weiß man es auch genau, kein Handy und kein Laptop.

Lehrer: *Genau. Die vier Zahlen decken die Gesamtzahl 400 so ab, dass es zu keiner Wiederholung oder Überlappung kommt. Wegen diesen vier „Kernfeldern“ heißt es Vierfeldertafel.*

Charlene: *Überzeugt! Macht Sinn!*

Aufgabe 2

Ermittle für Aufgabe 1 die Wahrscheinlichkeiten der folgenden Ereignisse:
A: Eine zufällig ausgewählte Schülerin hat ein Handy.
B: Eine zufällig ausgewählte Schülerin hat kein Handy.
C: Eine zufällig ausgewählte Schülerin hat einen Laptop.
D: Eine zufällig ausgewählte Schülerin hat keinen Laptop.
E: Eine zufällig ausgewählte Schülerin hat ein Handy und einen Laptop.
F: Eine zufällig ausgewählte Schülerin hat kein Handy aber einen Laptop.

Die Lehrperson ermittelt zwei der Wahrscheinlichkeiten (zum Beispiel A und F) mit der ganzen Klasse. Eine Möglichkeit dafür:
Die Anzahl der möglichen Fälle ist 400, denn so viele Schülerinnen gibt es insgesamt. Die Anzahl der günstigen Fälle kann man jeweils einem passenden Feld der Tabelle entnehmen.
Anschließend ermitteln die Lernenden die anderen Wahrscheinlichkeiten selbst.

Lösung

$P(A) = \frac{330}{400} = \frac{33}{40} = 0{,}825$
$P(B) = \frac{70}{400} = \frac{7}{40} = 0{,}175$
$P(C) = \frac{170}{400} = \frac{17}{40} = 0{,}425$
$P(D) = \frac{230}{400} = \frac{23}{40} = 0{,}575$
$P(E) = \frac{150}{400} = \frac{3}{8} = 0{,}375$
$P(F) = \frac{20}{400} = \frac{1}{20} = 0{,}05$

Vorteil: Die Lernenden erleben, dass man viele Wahrscheinlichkeiten anhand der Vierfeldertafel sofort ablesen kann.

Aufgabe 3

Wie viele Schülerinnen haben ein Handy oder einen Laptop?
Der Lehrperson ist bewusst, dass die Lernenden unter „oder“ im Alltag häufig „entweder oder“ verstehen. Daher muss man zunächst das „mathematische oder“ mit der Klasse besprechen.
Beachte: Mathematiker verstehen unter „Handy oder Laptop“ nicht nur „Handy und kein Laptop“ sowie „Laptop und kein Handy“ sondern auch „sowohl ein Handy als auch einen Laptop“. Diese Möglichkeit ist neu und sie weicht vom bekannten Prinzip „entweder oder“ ab.

1. Lösung

Der Ansatz 330 + 170 = 500 kann nicht richtig sein, denn es gibt insgesamt nur 400 Schülerinnen.

Vorteil: Die Klasse erlebt, wie man auf den ersten Blick erkennen kann, dass ein Ansatz falsch sein muss.

Die Fehlersuche wird mit Absicht verschoben, bis man das Phänomen mit Mengendiagrammen veranschaulicht. Die Lehrperson gibt den Hinweis, sich auf die vier „Kernfelder“ zu konzentrieren.

2. Lösung

In Frage kommen: 180 Schülerinnen (Handy, kein Laptop), 20 Schülerinnen (Laptop, kein Handy), aber auch 150 Schülerinnen (Handy und Laptop). Damit haben insgesamt 180 + 20 + 150 = 350 Schülerinnen ein Handy oder einen Laptop.

Die Lehrperson führt nun die Operatoren $\cap$ (und) sowie $\cup$ (oder) ein. Diese werden bei $H \cap L$ sowie bei $H \cup L$ mit Mengendiagrammen veranschaulicht:

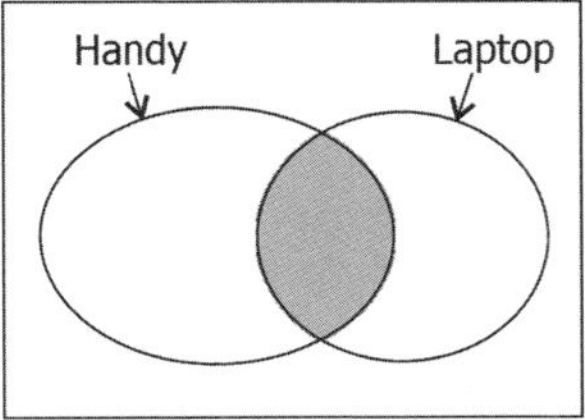

Handy *und* Laptop

Handy
Laptop

Handy *oder* Laptop

Vorteil: Diese Veranschaulichungen bilden die Grundlage für den Additionssatz.

In einem nächsten Schritt werden die Mengendiagramme mit Zahlen belegt:

Handy
Laptop
50
180
150
20

Arbeitsauftrag

Erkläre anhand der Diagramme, welchen Fehler man in der 1. Lösung von Aufgabe 3 „Wie viele Schülerinnen haben ein Handy oder einen Laptop?“ mit dem Ansatz 330 + 170 = 500 gemacht hat.

Lösung

Der Kern des Fehlers: 150 wurde doppelt gezählt.

22.2 Additionssatz

Aufgabe 4

Gegeben ist die bekannte Vierfeldertafel:

	H	$\overline{H}$	
L	150	20	170
$\overline{L}$	180	50	230
	330	70	400

Schreibe die Wahrscheinlichkeiten P (H), P (L), P (H ∩ L), P (H ∪ L) hin.

Vorteil: Da das Beispiel bekannt ist, können sich die Lernenden auf die neuen Bezeichnungen konzentrieren.

Lösung

$P(H) = \frac{330}{400}$

$P(L) = \frac{170}{400}$

$P(H \cap L) = \frac{150}{400}$

$P(H \cup L) = \frac{350}{400}$

Die Brüche werden ungekürzt hingeschrieben, damit die Klasse den nächsten Arbeitsauftrag besser erledigen kann.

Arbeitsauftrag

Trage in die beiden Leerstellen zwischen den drei Brüchen auf der rechten Seite je eine passende Grundrechenart ein, so dass die Rechnung aufgeht.

$\frac{350}{400} = \frac{330}{400} \quad \frac{170}{400} \quad \frac{150}{400}$

Lösung

$\frac{350}{400} = \frac{330}{400} + \frac{170}{400} - \frac{150}{400}$

Es ist davon auszugehen, dass viele der Lernenden daraufkommen.

Nun greift die Lehrperson die Bezeichnungen aus Aufgabe 4 auf und schreibt die erste Zeile der Lösung so:

$P(H \cup L) = P(H) + P(L) - P(H \cap L)$

Die Lehrperson teilt der Klasse mit, dass sie einen wichtigen Satz entdeckt haben.

Additionssatz: Für zwei beliebige Ereignisse A und B gilt:

$P(A \cup B) = P(A) + P(B) - P(A \cap B)$

Vorteil: Die Klasse kann das Phänomen bereits einordnen.

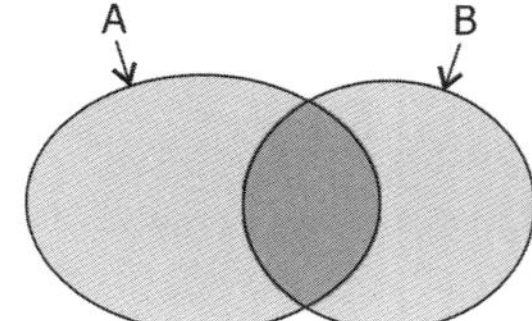

Die Lehrperson betont: Mit einer Vierfeldertafel kann man $P(A \cup B)$ auch ohne Additionssatz ermitteln.
Beispiel: $P(H \cup L) = \frac{180 + 150 + 20}{400} = \frac{350}{400}$

	H	$\overline{H}$	
L	150	20	170
$\overline{L}$	180	50	230
	330	70	400

Aufgabe 5
Aus den Zahlen 1, 2, 3, …, 1 000 wird eine Zahl zufällig ausgewählt.
Ermittle die Wahrscheinlichkeit des Ereignisses:
E: Die ausgewählte Zahl ist durch 2 oder 5 teilbar.

Lösung
Zunächst betrachtet man nur die Zahlen von 1 bis 15.
1, ②, 3, ④, [5], ⑥, 7, ⑧, 9, [⑩], 11, ⑫, 13, ⑭, [15]
Vorteil: Die Lernenden haben einen anschaulichen Hintergrund.
Man führt jetzt folgende Ereignisse ein:
A: Die Zahl ist durch 2 teilbar.
B: Die Zahl ist durch 5 teilbar.
Dann gilt:
$E = A \cup B$
$P(A \cup B) = P(A) + P(B) - P(A \cap B)$
$P(A) = \frac{1}{2}$, da jede zweite Zahl durch 2 teilbar ist.
$P(B) = \frac{1}{5}$, da jede fünfte Zahl durch 5 teilbar ist.
$A \cap B$ bedeutet, dass die Zahl durch 2 und 5, also durch 10 teilbar ist.
$P(A \cap B) = \frac{1}{10}$, da jede zehnte Zahl durch 10 teilbar ist.
Die Lehrperson verweist auf den Zahlenbereich von 1 bis 15.
Man erhält:
$P(E) = P(A) + P(B) - P(A \cap B)$
$P(E) = \frac{1}{2} + \frac{1}{5} - \frac{1}{10} = \frac{5+2-1}{10} = \frac{6}{10} = 0{,}6$
Die Lehrperson thematisiert mit der Klasse:
Die Anfertigung einer Vierfeldertafel wäre mit „durch 2 teilbar“, „nicht durch 2 teilbar“, „durch 5 teilbar“, „nicht durch 5 teilbar“ zwar möglich, aber doch zeitaufwendig gewesen. Man hätte neun Zahlen für die neun Felder ermitteln müssen, von denen man aber nur drei braucht.

Vorteil: Die Klasse erlebt, dass der Additionssatz mehr ist als nur eine Alternative zur Vierfeldertafel. Er stellt bei bestimmten Aufgaben den einfacheren Lösungsansatz dar.

Aufgabe 6

Die folgenden Abbildungen stellen zwei Sonderfälle dar. Untersuche, wie man in diesen Fällen den Additionssatz anders schreiben kann.

a) 

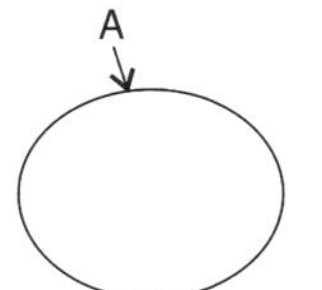
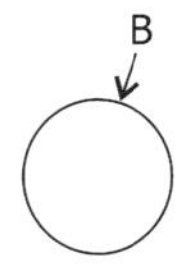

b) 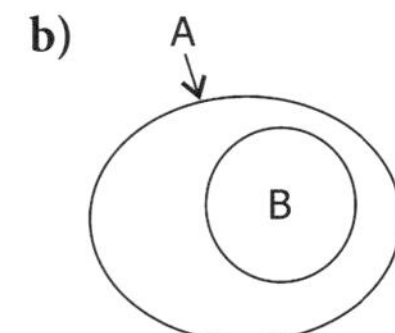

Lösung

a) $P(A \cup B) = P(A) + P(B) - P(A \cap B)$

$A \cap B$ ist die leere Menge und stellt ein unmögliches Ereignis dar. Daher ist

$P(A \cap B) = 0$

Somit ergibt sich:

$P(A \cup B) = P(A) + P(B)$

Merke: Wenn die Ereignismengen von A und B keine gemeinsamen Elemente haben, dann gilt:

$P(A \cup B) = P(A) + P(B)$

b) $P(A \cup B) = P(A) + P(B) - P(A \cap B)$

B liegt in A. Daher gilt:

$P(A \cap B) = P(B)$

Somit ergibt sich:

$P(A \cup B) = P(A) + P(B) - P(A \cap B)$

$P(A \cup B) = P(A) + P(B) - P(B)$

$P(A \cup B) = P(A)$

Vorteil: Die Klasse gewinnt neue Erkenntnisse.

Bedingte Wahrscheinlichkeit

23

Vorbemerkung: Das Thema wird Schritt für Schritt anhand einer beispielhaften Situation gemeinsam mit der Klasse erarbeitet. Die bedingte Wahrscheinlichkeit wird auf verschiedene Arten veranschaulicht und in bereits bekannte Strukturen eingebettet (Mengendiagramm, Baumdiagramm). Dies führt zum besseren Verständnis und ermöglicht es den Lernenden, einen passenden Ansatz zu finden. Da dies zeitintensiv ist, sollte eine Doppelstunde für die Einführung eingeplant werden.

23.1 Einführung

Es ist bekannt:
In einer Grundschulklasse gibt es 12 Mädchen und 8 Jungen. Von den Mädchen fahren 9 mit dem Rad zur Schule. Von den Jungen sind es 4, die mit dem Rad kommen.
Vorteil: Der Hintergrund stammt aus der Lebenswelt der Schülerinnen und Schüler.
Zunächst führt die Lehrperson einige Abkürzungen ein:
M: Mädchen
J: Junge
R: Kommt mit dem Rad zur Schule
Anschließend stellt die Lehrperson den Schülerinnen und Schülern nacheinander folgende drei Fragen, die gemeinsam besprochen werden.

Frage 1: Mit welcher Wahrscheinlichkeit kommt ein zufällig ausgewähltes Kind der Klasse mit dem Rad zur Schule?

Antwort:
$P(R) = \frac{13}{20} = 0{,}65$

Frage 2: Mit welcher Wahrscheinlichkeit kommt ein zufällig ausgewähltes Mädchen der Klasse mit dem Rad zur Schule?

Die Lehrperson thematisiert mit der Klasse:
Frage 1 bezog sich auf alle Kinder. Bei Frage 2 stellt man hingegen die Bedingung, dass es sich um ein Mädchen handelt.
Vorteil: Das Wort „Bedingung" erscheint in einem bekannten Kontext.
Von den 12 Mädchen fahren 9 mit dem Rad zur Schule.
Daher lautet die Antwort auf Frage 2:
$P_M(R) = \frac{9}{12} = 0{,}75$

Die Lehrperson weist auf den tiefgestellten Buchstaben M hin und drückt Frage 1 anders aus:
Mit welcher Wahrscheinlichkeit kommt ein zufällig ausgewähltes Kind mit dem Rad zur Schule, wenn das Kind ein Mädchen ist?
Vorteil: Diese Formulierung bedeutet einen weiteren Schritt Richtung bedingte Wahrscheinlichkeit.

Frage 3: Mit welcher Wahrscheinlichkeit kommt ein zufällig ausgewähltes Kind mit dem Rad zur Schule, wenn das Kind ein Junge ist?

Von den 8 Jungen fahren 4 mit dem Rad zur Schule.
Daher lautet die Antwort auf Frage 3:
$P_J(R) = \frac{4}{8} = 0{,}5$
Das Phänomen wird nun mit Mengendiagrammen veranschaulicht:
Vorteil: Die Lernenden erfahren anschaulich, dass man die Bedingung als Einschränkung auf eine Teilmenge verstehen kann.

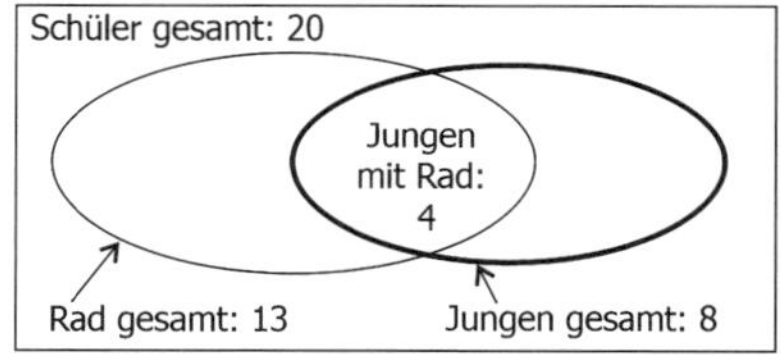

Die Lehrperson kündigt nun an, die obige Wahrscheinlichkeit anders aufzuschreiben. Im Zähler und im Nenner geht man dazu von den absoluten Anzahlen zu den zugehörigen Wahrscheinlichkeiten über:

$$P_J(R) = \frac{4}{8} = \frac{\frac{4}{20}}{\frac{8}{20}} = \frac{P(J \cap R)}{P(J)}$$

Vorteil: Die Klasse hat die Formel für bedingte Wahrscheinlichkeit an einem Beispiel erfahren.

Nun wird das Phänomen zu Frage 2 mit Mengendiagrammen veranschaulicht und die Wahrscheinlichkeit ähnlich umgeformt. An dieser Stelle ist mit einer aktiven Beteiligung der Klasse zu rechnen.

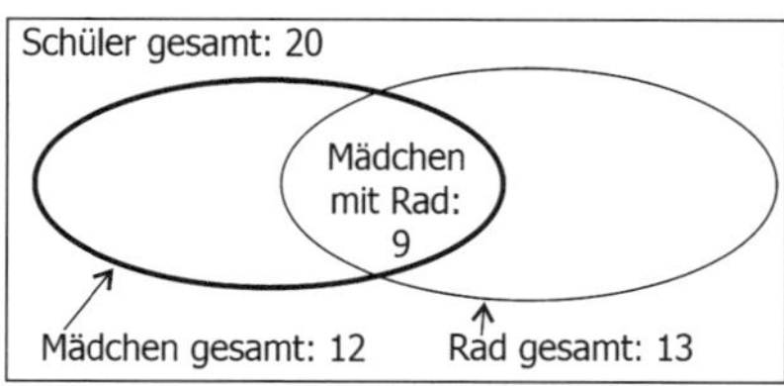

$$P_M(R) = \frac{9}{12} = \frac{\frac{9}{20}}{\frac{12}{20}} = \frac{P(M \cap R)}{(P(M)}$$

Vorteil: Die gerade entdeckte Formel wird gefestigt.
Nun kann die bedingte Wahrscheinlichkeit allgemein definiert werden.

23.2 Die Definition der bedingten Wahrscheinlichkeit

Man betrachtet die beiden Ereignisse A und B und stellt die Frage:
Mit welcher Wahrscheinlichkeit tritt A ein, wenn B bereits eingetreten ist?
Antwort:
$P_B(A) = \frac{P(A \cap B)}{P(B)}$
Die Wahrscheinlichkeit $\mathbf{P_B(A)}$ heißt **bedingte Wahrscheinlichkeit.**
Man könnte auch sagen:
Das Ereignis A wird durch das Ereignis B bedingt.

Die Lehrperson greift wieder Frage 2 auf und klärt:
A: Das zufällig ausgewählte Kind fährt Rad.
B: Das zufällig ausgewählte Kind ist ein Mädchen.
Nun sollen die Lernenden die Ereignisse A und B bei Frage 3 nennen. Die Ergebnisse werden anschließend verglichen.
Vorteil: Die Lernenden haben gute Chancen A und B selbst zu finden.
A: Das zufällig ausgewählte Kind fährt Rad.
B: Das zufällig ausgewählte Kind ist ein Junge.

An dieser Stelle bietet sich eine weitere Veranschaulichung über ein zweistufiges Baumdiagramm an. Es kann zusammen mit der Klasse erarbeitet werden.

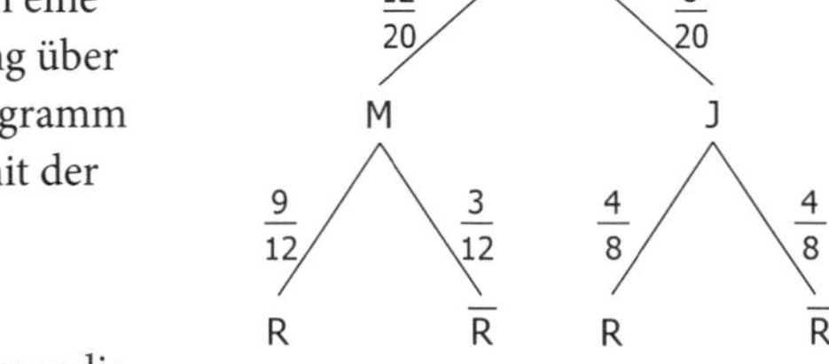

Die Lehrperson fragt:
An welchen Stellen des Baumdiagramms kommen die Ergebnisse $\frac{9}{12}$ und $\frac{4}{8}$ vor?
Die Lehrperson weist auf die entsprechenden zwei Äste hin.
Merke: Bei einem zweistufigen Zufallsexperiment sind die Wahrscheinlichkeiten an den Ästen der zweiten Stufe bedingte Wahrscheinlichkeiten.
Die Lehrperson kann jetzt die Klasse darum bitten, alle vier Wahrscheinlichkeiten der zweiten Stufe mit der üblichen Schreibweise für bedingte Wahrscheinlichkeiten zu schreiben.
Antwort: $P_M(R) = \frac{9}{12}$, $P_M(\overline{R}) = \frac{3}{12}$, $P_J(R) = \frac{4}{8}$, $P_J(\overline{R}) = \frac{4}{8}$
Vorteil: Die bedingte Wahrscheinlichkeit wird in den bekannten Kontext eines Baumdiagramms eingebettet. Dies führt zum besseren Verständnis und erhöht die Akzeptanz des neuen Begriffs.

Frage 4: Mit welcher Wahrscheinlichkeit ist ein zufällig ausgewähltes Kind, das mit dem Rad zur Schule kommt, ein Mädchen?

Lösung

TIPP: Was bekannt ist, liefert die tiefgestellte Bedingung „B". Was noch einen offenen Ausgang hat, wird zum Ereignis „A".
A ist M: Das zufällig ausgewählte Kind ist ein Mädchen.
B ist R: Das zufällig ausgewählte Kind kommt mit dem Rad.
Zunächst wird die gesuchte Wahrscheinlichkeit mit der neuen Schreibweise notiert:

$$P_B(A) = \frac{P(A \cap B)}{P(B)}$$

Oder, mit den anderen Bezeichnungen:

$$P_R(M) = \frac{P(R \cap M)}{P(R)} = \frac{\frac{9}{20}}{\frac{13}{20}} = \frac{9}{13}$$

Bei dieser Lösung wurden beide Wahrscheinlichkeiten gleich korrekt erkannt. Denkbar wäre aber auch, dass man die Aufgabe mithilfe des letzten Baumdiagramms und mit Pfadregeln löst.

Alternativlösung zu Frage 4

$$P(R \cap M) = P(M \cap R) = \underset{M}{\frac{12}{20}} \cdot \underset{R}{\frac{9}{12}} = \frac{9}{20}$$

$$P(R) = \underset{M}{\frac{12}{20}} \cdot \underset{R}{\frac{9}{12}} + \underset{J}{\frac{8}{20}} \cdot \underset{R}{\frac{4}{8}} = \frac{13}{20}$$

Man erhält die gleichen Teilergebnisse. Die Lehrperson trägt nun $\frac{9}{13}$ in ein neues Baumdiagramm mit umgekehrter Reihenfolge der Stufen ein:

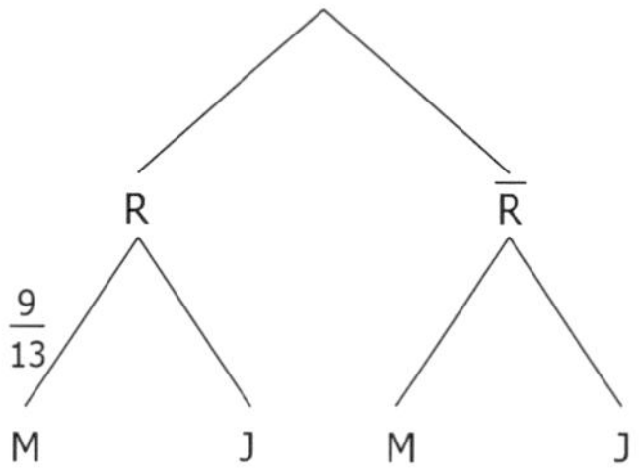

Die Lehrperson fordert an dieser Stelle die Klasse auf, die fehlenden Wahrscheinlichkeiten an den verbleibenden Ästen zu ermitteln und einzutragen.

Das Ergebnis wird anschließend verglichen und besprochen.

Vorteil: Das Verständnis bedingter Wahrscheinlichkeiten als Wahrscheinlichkeiten der zweiten Stufe im Baumdiagramm wird noch einmal gefestigt.

Im folgenden Unterrichtsverlauf können nun weitere Anwendungen und Aufgaben folgen.

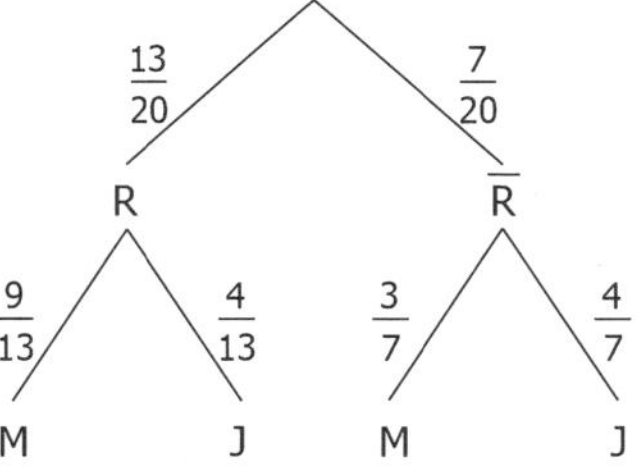

23.3 Anwendungen

Aufgabe 1

Zwei Würfel wurden gleichzeitig geworfen. Die Summe der Augenzahlen beträgt 7. Mit welcher Wahrscheinlichkeit zeigt einer der beiden Würfel die Augenzahl 6?

Lösung

TIPP: Jenes Ereignis, das schon passiert ist, heißt B. Das Ereignis, nach dessen Wahrscheinlichkeit gefragt wird, heißt A.

A: Ein Würfel zeigt Augenzahl 6.

B: Die Summe der Augenzahlen ist 7.

Die günstigen Fälle für B: **(1, 6),** (2, 5), (3, 4), (4, 3), (5, 2) und **(6, 1)**

Also ist: $P_B(A) = \frac{P(A \cap B)}{P(B)}$

Die günstigen Fälle für $A \cap B$ sind (1, 6) und (6, 1).

Die Anzahl aller Fälle beim Werfen zweier Würfel ist $6 \cdot 6 = 36$.

Es gilt:

$$P_B(A) = \frac{P(A \cap B)}{P(B)} = \frac{\frac{2}{36}}{\frac{6}{36}} = \frac{2}{6} = \frac{1}{3}$$

Aufgabe 2

Eine Viruserkrankung hat bereits 0,1 % der Bevölkerung infiziert. Ein Schnelltest für die Erkrankung wirbt mit hoher Genauigkeit. So liefert der Test bei einem Infizierten zu 99 % ein positives Testergebnis. Bei einem Nicht-Infizierten zeigt der Test zu 99,9 % ein negatives Ergebnis an.

An einer zufällig ausgewählten Person wird der Test durchgeführt. Er zeigt ein positives Ergebnis an.

Mit welcher Wahrscheinlichkeit ist die Person dennoch nicht infiziert?

Lösung

Mit den Bezeichnungen

Inf: Person ist infiziert, $\overline{\text{Inf}}$: Person ist nicht infiziert,

Pos: Test ist positiv, Neg: Test ist negativ ergibt sich folgendes Baumdiagramm:

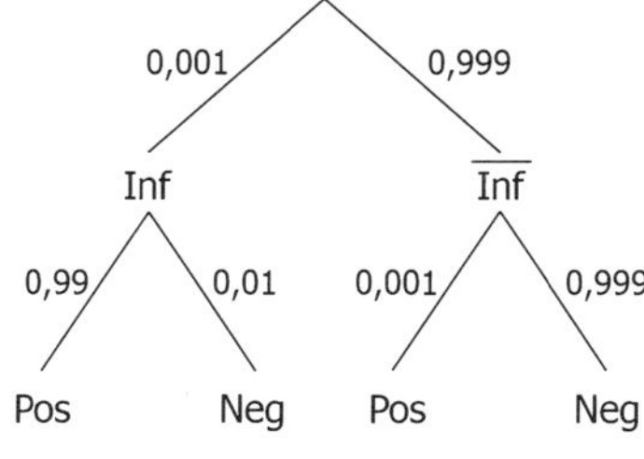

A: Die Person ist nicht infiziert.

B: Das Testergebnis ist positiv.

$P_B(A) = \frac{P(A \cap B)}{P(B)}$

$P(A \cap B) = \underbrace{0{,}999}_{\overline{\text{Inf}}} \cdot \underbrace{0{,}001}_{\text{Pos}} = 0{,}000\,999$

$P(B) = \underbrace{0{,}001}_{\text{Inf}} \cdot \underbrace{0{,}99}_{\text{Pos}} + \underbrace{0{,}999}_{\overline{\text{Inf}}} \cdot \underbrace{0{,}001}_{\text{Pos}} = 0{,}001\,989$

Damit gilt:

$P_B(A) = \frac{P(A \cap B)}{P(B)} = \frac{0{,}000\,999}{0{,}001\,989} = 0{,}502\ldots \approx 0{,}5 = 50\,\%$

Das Ergebnis sollte kritisch hinterfragt werden. Die Lehrperson kann den Unterricht durch einen Dialog auflockern.

Charlene: *50 % bedeutet, dass jeder zweite positive Test ein falscher Alarm ist. Sehe ich das richtig?!*

Lehrer: *Ja, genau.*

Charlene: *Dann muss aber das Ergebnis falsch sein! Es passt nämlich nicht zu den sehr hohen Genauigkeiten.*

Lehrer: *Das Ergebnis mag zwar überraschen, aber es stimmt. Wir haben die Formel korrekt angewendet.*

Charlene: *Bedingte Wahrscheinlichkeiten taugen doch nichts, wenn sie solche Ergebnisse liefern. Ein fast zu 100 % sicherer Test ist als bedingte Wahrscheinlichkeit nur noch zu 50 % sicher? Dass das richtig sein soll, erscheint mir nur bedingt wahrscheinlich!*

Lehrer: *Das liegt daran, dass die Person zufällig ausgewählt wird und es so ganz viele Nicht-Infizierte gibt. Dadurch erwischt man beim Auswählen mit sehr hoher Wahrscheinlichkeit einen Nicht-Infizierten. Dafür ist die Wahrscheinlichkeit, dass der Test dann positiv ausfällt sehr gering.*

Charlene: *Ein Infizierter hingegen wird mit der Wahrscheinlichkeit von 99 % als solcher erkannt. Hmm … Interessant, aber immer noch unklar.*

Lehrer: Umgekehrt ist es sehr unwahrscheinlich, dass man einen Infizierten ausgewählt hat, aber, wie du gerade sagtest, ist sein Test mit sehr hoher Wahrscheinlichkeit positiv. Die Zahlen sind so gewählt, dass die beiden Fälle etwa gleich wahrscheinlich sind, womit sich das Ergebnis 50 % erklärt.

Charlene: Das mag alles sein, aber bedenken Sie bitte: Wenn man statt eines Schnelltests eine Münze hochwirft, fällt jede Seite auch mit der Wahrscheinlichkeit von 50 %. Können also Schnelltests nicht mehr als eine Münze?!

Lehrer: Doch. Normalerweise wird nicht zufällig getestet. Meist lassen sich Personen testen, die Symptome haben oder mit Infizierten Kontakt hatten. Dadurch ist es wahrscheinlicher, dass die Testperson infiziert ist.

Charlene: Einerseits kapiere ich es langsam, andererseits aber ist das Ergebnis doch ein Schlag ins Gesicht für meine Intuition.

Lehrer: Als ich das Ergebnis das erste Mal sah, war ich ebenfalls verblüfft.

Charlene. Jetzt bin ich aber erleichtert!

24 Stochastische Unabhängigkeit

Vorbemerkung: Das Thema wird vom Autorenteam unter Verwendung eines bei den Lernenden gut bekannten Zufallsexperiments eingeführt: Dem Ziehen aus einer Urne. Dadurch kann der Fokus auf den neuen Begriff stochastische Unabhängigkeit gerichtet werden, da der zur Einführung verwendete Kontext den Lernenden gut bekannt ist.
Im Beitrag werden Zusammenhänge zwischen der stochastischen Unabhängigkeit sowie Baumdiagramm, Bernoulli-Experiment und Vierfeldertafel entdeckt.

24.1 Einführung

Die Lehrperson zeigt den Lernenden folgenden Sachverhalt:
Zwei Urnen sind mit schwarzen und weißen Kugeln gefüllt:

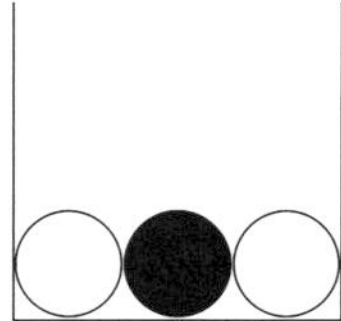

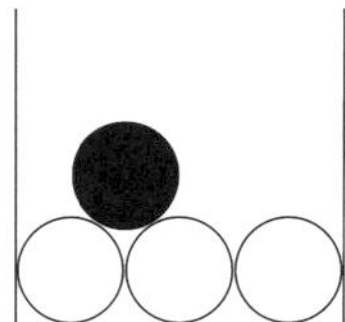

Dies ist der Hintergrund der nächsten Aufgabe.

Aufgabe 1

Aus der linken Urne wird eine erste Kugel, danach wird aus der rechten Urne eine zweite Kugel gezogen.

a) Fertige ein Baumdiagramm an.

b) Ermittle die Wahrscheinlichkeiten der Ereignisse:

A: Die erste Kugel ist schwarz.

B: Die zweite Kugel ist schwarz.

C: Beide Kugeln sind schwarz.

Lösung

a)

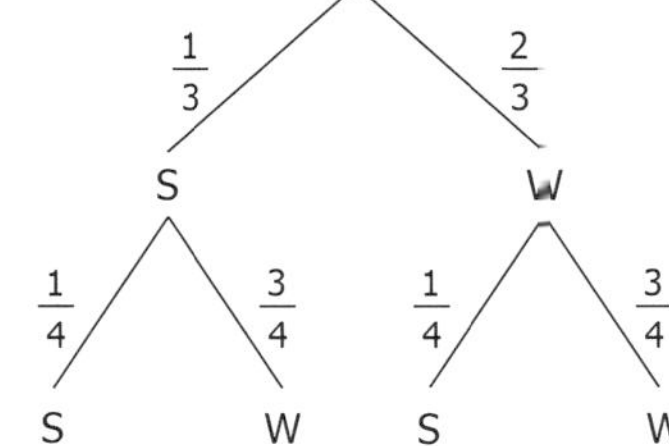

b) $P(A) = \frac{1}{3}$

$P(B) = \underset{S}{\frac{1}{3}} \cdot \underset{S}{\frac{1}{4}} + \underset{W}{\frac{2}{3}} \cdot \underset{S}{\frac{1}{4}} = \frac{1}{4}$

$P(C) = \underset{S}{\frac{1}{3}} \cdot \underset{S}{\frac{1}{4}} = \frac{1}{12}$

Die Lehrperson sagt:
Das Ereignis C kann man noch so schreiben:
$C = A \cap B$
Damit gilt auch:
$P(A \cap B) = \frac{1}{12}$

Die Lehrperson fragt:
Welche Rechenart kommt zwischen $\frac{1}{3}$ und $\frac{1}{4}$, damit folgende Rechnung aufgeht?
$\frac{1}{12} = \frac{1}{3} \quad \frac{1}{4}$
Es ist davon auszugehen, dass diese Frage von den meisten sehr schnell beantwortet wird:
$\frac{1}{12} = \frac{1}{3} \cdot \frac{1}{4}$
Oder, anders geschrieben:
$P(A \cap B) = P(A) \cdot P(B)$
Die Lehrperson lobt die Lernenden und betont, dass sie einen wichtigen Zusammenhang entdeckt haben.
Vorteil: Die Klasse hat die Bedingung für stochastische Unabhängigkeit an einem Beispiel selbstständig entdeckt. Dies erhöht die Akzeptanz des Begriffs.

24.2 Die Definition der stochastischen Unabhängigkeit

Definition: Die Ereignisse A und B heißen **stochastisch unabhängig,** wenn gilt:
$P(A \cap B) = P(A) \cdot P(B)$
Ansonsten heißen A und B **stochastisch abhängig.**
Die Lehrperson greift Aufgabe 1 noch einmal auf und erklärt:
Man kann auch intuitiv nachvollziehen, dass A und B unabhängig sind. Das Ziehen aus der rechten Urne ist nämlich unabhängig davon, was aus der linken Urne gezogen wurde.
Bei Aufgabe 2 geht es um dieselben zwei Urnen wie bei Aufgabe 1.

Aufgabe 2

Aus der linken Urne wird eine erste Kugel gezogen, diese wird in die rechte Urne gelegt. Danach wird aus der rechten Urne eine zweite Kugel gezogen.

a) Fertige ein Baumdiagramm an.

b) Ermittle die Wahrscheinlichkeiten der Ereignisse:
A: Die erste Kugel ist schwarz.
B: Die zweite Kugel ist schwarz.

c) Zeige, dass die Ereignisse A und B stochastisch abhängig sind.

Lösung

a)

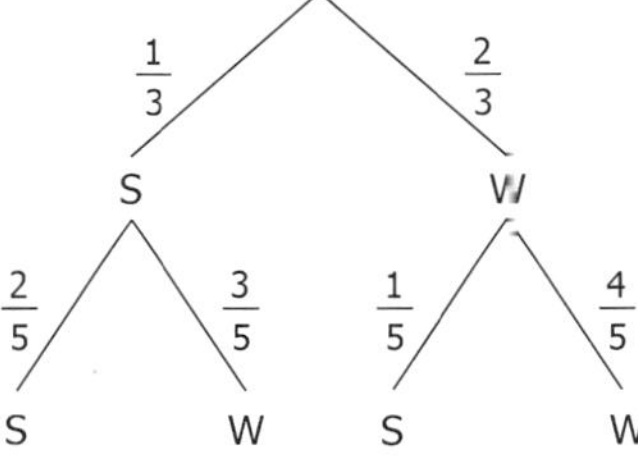

b) $P(A) = \frac{1}{3}$

$P(B) = \underset{S}{\frac{1}{3}} \cdot \underset{S}{\frac{2}{5}} + \underset{W}{\frac{2}{3}} \cdot \underset{S}{\frac{1}{5}} = \frac{4}{15}$

c) Es ist zu zeigen, dass die Rechnung $P(A \cap B) = P(A) \cdot P(B)$ nicht aufgeht. $P(A)$ und $P(B)$ hat man schon ermittelt. Man berechnet zunächst auch $P(A \cap B)$:

$P(A \cap B) = \underset{S}{\frac{1}{3}} \cdot \underset{S}{\frac{2}{5}} = \frac{2}{15}$

Und nun prüft man die Bedingung $P(A \cap B) = P(A) \cdot P(B)$ aus der Definition:

$\frac{2}{15} = \frac{1}{3} \cdot \frac{4}{15}$

$\frac{2}{15} = \frac{4}{45}$ stimmt nicht.

Dies bedeutet, dass A und B stochastisch abhängig sind.

Die Lehrperson fragt nun:
Wie könnte man ohne Rechnung begründen, dass A und B abhängig sind?
Der Kern der Antwort: Das Ziehen aus der rechten Urne ist abhängig davon, was aus der linken Urne gezogen wurde.

Anschaulich dargestellt:

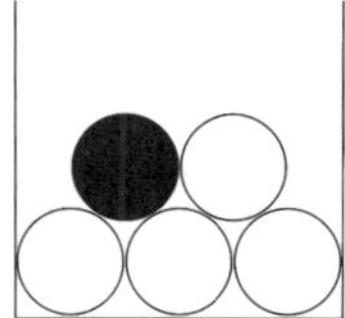

Je nachdem, ob nach dem ersten Ziehen eine schwarze oder eine weiße Kugel in die zweite Urne gelegt wurde, ist die Anzahl der schwarzen Kugeln anders, was zu unterschiedlichen Wahrscheinlichkeiten führt.
Vorteil: Die Klasse kann stochastische Abhängigkeit auch intuitiv nachvollziehen.
Vorteil: Durch zwei verwandte Aufgaben (1 und 2) sieht die Klasse eine stochastische Unabhängigkeit und eine Abhängigkeit im Vergleich.

24.3 Stochastische Unabhängigkeit am Baumdiagramm

Die Lehrkraft visualisiert noch einmal die zwei Baumdiagramme von Aufgabe 1 und 2 und stellt die Frage: Woran unterscheiden sich die zwei Baumdiagramme?

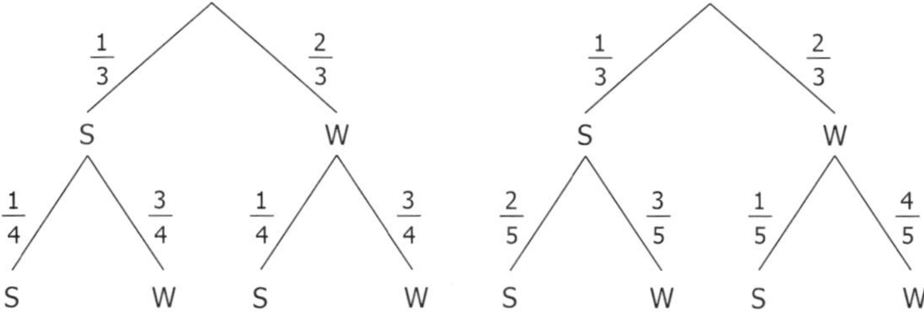

Im linken Baumdiagramm sind die Wahrscheinlichkeiten für S bzw. W in der 2. Stufe links und rechts gleich, also unabhängig davon, ob man als erste Kugel eine schwarze oder eine weiße Kugel gezogen hat.
Im rechten Baumdiagramm ist dies nicht der Fall. Dort hängen die Wahrscheinlichkeiten für S bzw. W davon ab, ob man als erste Kugel eine schwarze oder eine weiße Kugel gezogen hat.
Vorteil: Die Klasse übt vernetztes Denken.

Die Lehrperson diktiert nun einen Merksatz:
Merke: Zwei Ereignisse sind bei einem zweistufigen Experiment genau dann stochastisch unabhängig, wenn die entsprechenden Wahrscheinlichkeiten in der zweiten Stufe des Baumdiagramms bei jeder Verzweigung gleich sind.

24.4 Anwendungen

Aufgabe 3

Eine Maschine besteht aus zwei voneinander unabhängigen Bauteilen und funktioniert nur dann, wenn beide Bauteile funktionieren. Die Wahrscheinlichkeit, dass Bauteil 1 innerhalb der Garantiezeit der Maschine ausfällt, beträgt 5 %. Für Bauteil 2 beträgt diese Wahrscheinlichkeit 6 %. Ermittle die Wahrscheinlichkeit, dass die Maschine während der ganzen Garantiezeit funktioniert.

Lösung

Man führt die Ereignisse ein:
A: Bauteil 1 fällt während der Garantiezeit nicht aus.
B: Bauteil 2 fällt während der Garantiezeit nicht aus.

Die Maschine funktioniert während der ganzen Garantiezeit, wenn sowohl A als auch B eintreten. Die gesuchte Wahrscheinlichkeit ist also $P(A \cap B)$.
A und B sind stochastisch unabhängig, da die Bauteile unabhängig voneinander sind. Es kann die Definition angewandt werden:
$P(A \cap B) = P(A) \cdot P(B)$
$P(A) = 1 - 0{,}5 = 0{,}95$
$P(B) = 1 - 0{,}6 = 0{,}94$
$P(A \cap B) = 0{,}95 \cdot 0{,}94$
$P(A \cap B) = 0{,}893$
Die Lehrperson weist an dieser Stelle darauf hin, dass man bei vielen Zufallsexperimenten stochastische Unabhängigkeit vorfindet und man diese in der Regel nicht ausdrücklich erwähnen muss. Man darf stochastische Unabhängigkeit in vielen Fällen einfach voraussetzen.
Es bietet sich an, die Klasse nach Zufallsexperimenten zu fragen, bei denen zwei Ereignisse stochastisch unabhängig sind.
Anbei mögliche Antworten:

- Werfen zweier Würfel
- Ziehen von zwei Kugeln aus einer Urne *mit* Zurücklegen
- zweimaliges Drehen eines Glücksrades

Vorteil: Die Lernenden erkennen, dass stochastische Unabhängigkeit kein seltsamer Sonderfall ist, sondern vielen Zufallsexperimenten zugrunde liegt und dort einfach vorausgesetzt wird. Ihnen wird zudem klar, dass sie selbst unbewusst stochastische Unabhängigkeit schon in vielen Fällen vorausgesetzt haben.

Merke: Oft muss die stochastische Unabhängigkeit nicht mit der Definition überprüft werden. Sie ergibt sich häufig aus dem Kontext und kann dann vorausgesetzt und verwendet werden.

Aufgabe 4

In einer Klasse mit 20 Schülerinnen und Schülern gibt es 12 Mädchen. 6 Kinder in der Klasse tragen eine Zahnspange, 4 davon sind Mädchen. Es wird zufällig ein Kind der Klasse ausgewählt.
Es ist:
Ereignis A: Das ausgewählte Kind ist ein Mädchen.
Ereignis B: Das ausgewählte Kind trägt eine Zahnspange.
Prüfe, ob die Ereignisse A und B stochastisch unabhängig sind.

Lösung

Plan der Lösung:
Schritt 1: Man ermittelt $P(A)$, $P(B)$ und $P(A \cap B)$.
Schritt 2: Man prüft $P(A \cap B) = P(A) \cdot P(B)$.

Schritt 1

Dem Text kann man entnehmen:
$P(A) = \frac{12}{20} = 0{,}6$; $P(B) = \frac{6}{20} = 0{,}3$; $P(A \cap B) = \frac{4}{20} = 0{,}2$

Schritt 2

$P(A \cap B) = P(A) \cdot P(B)$
$0{,}2 = 0{,}6 \cdot 0{,}3$
$0{,}2 = 0{,}18$ stimmt nicht.
Dies bedeutet: A und B sind stochastisch abhängig.

An dieser Stelle kann die Lehrperson den Unterricht durch einen Dialog auflockern.

Charly: *Es mag sein, aber ich spüre diese Abhängigkeit nicht.*
Lehrerin: *Wir haben die Definition korrekt angewendet. Daraus ergibt sich die stochastische Abhängigkeit.*
Charly: *Ich zweifle nicht an der Rechnung, aber für meine Intuition ist sie nichtssagend.*
Lehrerin: *Man könnte sagen: Die Wahrscheinlichkeit, dass ein Kind eine Zahnspange trägt, hängt in dieser Klasse davon ab, ob das Kind ein Mädchen ist oder nicht.*
Charly: *Das ist diskriminierend! Aber davon abgesehen, mir fehlt der direkte Zugang dazu. Es ist mir einfach fremd.*
Lehrerin: *Man könnte sagen: Der Anteil an Zahnspangenträgern in der Klasse ist unter den Geschlechtern verschieden.*

Charly: *Mein Beispiel: Zwei Bremskreise eines Autos sind unabhängig, jawohl, das ist ja der Sinn der Sache. Wenn der eine versagt, geht der andere immer noch. Das kann ich gut nachvollziehen. Aber Zahnspangen und Geschlechter?!*

Lehrerin: *Bei unserer Aufgabe ist es auf den ersten Blick tatsächlich nicht offensichtlich, ob A und B unabhängig sind. Daher ist die Arbeit mit der Definition erforderlich.*

Charly: *Aha! Man spürt also die Unabhängigkeit nicht so!*

Lehrerin: *Nein. Man kann aber versuchen, sie im Nachhinein zu deuten.*

Charly: *Nachher ist man immer klug. Und wenn ich es nicht kann?*

Lehrerin: *Es ist nicht schlimm.*

24.4 Stochastische Unabhängigkeit an der Vierfeldertafel

Die Lehrperson veranschaulicht die Wahrscheinlichkeiten aus Aufgabe 4 mit einer Vierfeldertafel:

	A	$\overline{A}$	
B	0,2		0,3
$\overline{B}$			
	0,6		

Beachte: Um die Bedingung aus der Definition zu untersuchen, prüft man, ob das Produkt der Werte in den hellgrauen Feldern mit dem Wert im dunkelgrauen Feld übereinstimmt. Wenn ja, dann sind A und B unabhängig. Wenn nein, dann sind A und B abhängig.

Vorteil: Die Klasse übt vernetztes Denken.

24.5 Eine Verallgemeinerung der stochastischen Unabhängigkeit

Aufgabe 5

Auf einer bestimmten Buslinie rechnet man mit, dass 2 % der Fahrgäste keinen Fahrschein haben. Ein Kontrolleur überprüft drei Fahrgäste. Ermittle die Wahrscheinlichkeit des Ereignisses:
E: Der Kontrolleur kontrolliert drei Fahrgäste ohne Fahrschein.

Erster Lösungsweg

Man kann sich ein Baumdiagramm vorstellen und sucht den passenden Pfad: $\overline{FFF}$

$$P(E) = \underset{\overline{F}}{0{,}02} \cdot \underset{\overline{F}}{0{,}02} \cdot \underset{\overline{F}}{0{,}02} = 0{,}000008$$

Zweiter Lösungsweg
Man führt passende Ereignisse ein.
A: Der erste geprüfte Fahrgast hat keinen Fahrschein.
B: Der zweite geprüfte Fahrgast hat keinen Fahrschein.
C: Der dritte geprüfte Fahrgast hat keinen Fahrschein.
Dann gilt:
$E = A \cap B \cap C$
$P(E) = P(A \cap B \cap C)$
A, B und C sind unabhängig.
Wenn man die Definition der Unabhängigkeit auf drei Ereignisse erweitert, erhält man:
$P(A \cap B \cap C) = P(A) \cdot P(A) \cdot P(C)$
$P(E) = 0{,}02 \cdot 0{,}02 \cdot 0{,}02 = 0{,}000\,008$

Vorteil: Das Ergebnis des ersten Lösungsweges wurde bestätigt.

Beachte: Für drei unabhängige Ereignisse A, B, C gilt:
$P(A \cap B \cap C) = P(A) \cdot P(A) \cdot P(C)$

24.6 Stochastische Unabhängigkeit und Bernoulli-Experiment

Beispiel

Eine Münze wird 100-mal geworfen. Es wird notiert, ob Kopf fällt oder Zahl.
Die entsprechende Bernoulli-Kette der Länge 100 besteht aus 100 Würfen. Diese 100 Würfe sind stochastisch unabhängig.

Allgemein gilt:
Beachte: Eine Bernoulli-Kette $B_{n,\,p}$ der Länge n besteht aus n stochastisch unabhängigen Ereignissen.
Anmerkungen:
Dies ist notwendig, da die Wahrscheinlichkeit p stets gleichbleiben muss. Würden die einzelnen Ereignisse voneinander abhängen, ergäben sich unterschiedliche Wahrscheinlichkeiten, abhängig vom Ausgang der vorherigen Ereignisse.
Das Ziehen mit Zurücklegen ist ein Bernoulli-Experiment.
Gut zu wissen: Das mehrmalige Ziehen *ohne* Zurücklegen ist aber *kein* Bernoulli-Experiment.
Vorteil: Die Klasse übt vernetztes Denken.

Notwendige und hinreichende Bedingung

Vorbemerkung: Es handelt sich um themenübergreifende Begriffe. Jeden mathematischen Satz kann man mithilfe dieser Bedingungen ausdrücken. Notwendige und hinreichende Bedingungen ziehen sich wie ein roter Faden durch viele Lösungswege, denn jede Folgerung beruht auf ihnen. Das Nichtbeherrschen dieser Bedingungen ist daher eine mögliche Fehlerquelle.

25.1 Beispiele aus dem Alltag

Es folgen zunächst einige nichtmathematische Beispiele. Da sie allgemein bekannt sind, versteht man sie sofort. Bei klar formulierten Inhalten kann man sich auf die Ausdrucksweise konzentrieren. Der Übergang zwischen Alltagssprache und Fachterminologie erfolgt in mehreren Schritten.

Beispiel 1

Geld allein macht nicht glücklich.
Die Lernenden werden aufgefordert, den bekannten Spruch zu erläutern. Aus der Erfahrung ist von einer regen Beteiligung auszugehen. Die Lehrperson weist darauf hin, dass man denselben Gedanken auch anders ausdrücken kann. Eine Möglichkeit hierfür:

- Zum Glück braucht man auch etwas Geld.
  aber
  Geld allein reicht zum Glück nicht aus.
- Etwas Geld ist notwendig zum Glück.
  aber
  Geld ist nicht ausreichend zum Glück.
- Geld ist eine **notwendige Bedingung** zum Glück.
  aber
  Geld ist keine **hinreichende Bedingung** zum Glück.

Zusammengefasst: Geld ist eine **notwendige,** aber *keine* **hinreichende Bedingung** zum Glück.
Die erste Formulierung ist allgemein bekannt, die letzten zwei stellen eine wichtige Fachterminologie der Mathematik dar, die häufig verwendet wird.
Vorteil: Der Spruch ist leicht verständlich und die neuen Bezeichnungen werden in ein bekanntes Umfeld eingebettet.

Ein direkter Übergang vom Spruch zur Zusammenfassung wäre für viele der Lernenden zu „steil". Daher empfiehlt das Autorenteam ein stufenweises Herangehen.

Beispiel 2
Mit 7 Fünfern im Jahreszeugnis wird man nicht versetzt.
Die Lernenden sollen diesen Sachverhalt wie in Beispiel 1 nach und nach anders ausdrücken. Eine Möglichkeit hierfür:

- 7 Fünfer im Jahreszeugnis reichen aus, damit man nicht versetzt wird.
  aber
  Man braucht keine 7 Fünfer im Jahreszeugnis, um nicht versetzt zu werden.
- 7 Fünfer im Jahreszeugnis sind definitiv ausreichend für die Nichtversetzung.
  aber
  7 Fünfer im Jahreszeugnis sind nicht notwendig für die Nichtversetzung.
- 7 Fünfer im Jahreszeugnis sind eine **hinreichende Bedingung** für die Nichtversetzung.
  aber
  7 Fünfer im Jahreszeugnis stellen keine **notwendige Bedingung** für die Nichtversetzung dar.

Zusammengefasst: 7 Fünfer im Jahreszeugnis sind eine **hinreichende,** aber *keine* **notwendige Bedingung** für die Nichtversetzung.
Vorteil: Die Klasse hat bereits zwei Beispiele untersucht. Dadurch werden Gemeinsamkeiten verdeutlicht.
Bei den folgenden zwei Beispielen ist bereits eine schnellere Übersetzung zu erwarten.

Beispiel 3
„Ob es besser wird, wenn es anders wird, weiß ich nicht.
Dass es anders werden muss, wenn es besser werden soll, ist gewiss."
(Georg Christoph Lichtenberg, 1742–1799)

- Wenn wir etwas verbessern möchten, müssen wir etwas verändern.
- Eine Veränderung führt aber nicht zwingend zu einer Verbesserung.
- Eine Veränderung ist eine **notwendige** aber *keine* **hinreichende Bedingung** für eine Verbesserung.

25.2 Schülersprache und Mathematikersprache

Notwendige und hinreichende Bedingungen wurden mit drei nichtmathematischen Beispielen eingeführt und ausführlich besprochen. Bei einem Wechsel zu mathematischen Beispielen hätten viele Lernende jedoch Schwierigkeiten, diese korrekt anzuwenden. Denn Schülerinnen und Schüler haben gedanklich für dasselbe Phänomen andere Schemata entwickelt, auf die sie intuitiv zurückgreifen.
Daher ist es sinnvoll zunächst diese zwei Ebenen nebeneinanderzustellen. Eine Möglichkeit hierfür:

Schülersprache	**Mathematikersprache**
Es muss sein.	notwendige Bedingung
Es würde reichen.	hinreichende Bedingung
Ohne das geht es nicht.	notwendige Bedingung
Damit hätten wir es bereits.	hinreichende Bedingung
Da führt kein Weg vorbei.	notwendige Bedingung
Damit wäre es schon erledigt.	hinreichende Bedingung
Ohne das klappt es nicht.	notwendige Bedingung
Mit dem hätten wir es schon.	hinreichende Bedingung

Vorteil: Zwischen den zwei Denkweisen wird eine Brücke gebaut.

Ansprache an die Klasse: Eine *eigene Schülersprache ist sinnvoll,* denn so könnt ihr viel besser verstehen, worum es geht. Sie ist aber je nach Person *unterschiedlich* und ist daher manchmal vielleicht unklar oder leicht *missverständlich.* Jeder *darf* in seiner *eigenen Sprache denken* – und ihr solltet dies auch tun. So kommt ihr häufig besser voran. Bei einer Arbeit oder Prüfung müsst ihr aber am Ende alles in die einheitliche *Mathematikersprache* übersetzen und es so wiedergeben – damit jeder genau versteht, was ihr meint.

25.3 Allgemeine Folgerungen, formelle Definition

Nun kann die notwendige und hinreichende Bedingung auch allgemein ausgedrückt werden. Einige der Lernenden werden mit der abstrakten Formulierungen Schwierigkeiten haben. Es ist daher sinnvoll, die neuen Ausdrucksweisen immer wieder an bereits bekannten Beispielen zu erläutern. Genauer: Im Zweifelsfall greift man auf ein Beispiel zurück, man schafft Klarheit und überträgt die gewonnene Erkenntnis auf den allgemeinen Fall.

Aus A folgt B.
Man sagt:
A ist eine **hinreichende Bedingung** für B.
B ist eine **notwendige Bedingung** für A.

Wenn A, dann B.
Man sagt:
A ist eine **hinreichende Bedingung** für B.
B ist eine **notwendige Bedingung** für A.

$A \Rightarrow B$
Man sagt:
A ist eine **hinreichende Bedingung** für B.
B ist eine **notwendige Bedingung** für A.

Aus der Voraussetzung folgt die Folgerung.
Man sagt:
Die Voraussetzung ist eine **hinreichende Bedingung** für die Folgerung.
Die Folgerung ist eine **notwendige Bedingung** für die Voraussetzung.

$A \Leftrightarrow B$ *bzw. A genau dann, wenn B.*
Man sagt:
A ist eine **hinreichende** und **notwendige Bedingung** für B.
Und umgekehrt:
B ist eine **hinreichende** und **notwendige Bedingung** für A.

Beachte: Jeder mathematische Satz hat die Struktur der bisherigen Formulierungen. Daher kann man jeden mathematischen Satz auch mithilfe notwendiger und hinreichender Bedingungen ausdrücken.
Es gibt einige wenige Ausnahmen. Zum Beispiel: „Es gibt unendlich viele Primzahlen." Dieser Satz hat keine explizite Voraussetzung. Solche Ausnahmen muss man aber an dieser Stelle nicht thematisieren.

25.4 Mathematische Beispiele

Bei den folgenden Beispielen dürfen die Lernenden auf die zwei Sprachweisen gezielt zurückgreifen.

Beispiel 4

Wenn ein Viereck ein Quadrat ist, dann betragen alle vier Innenwinkel 90°. Formuliere diese Tatsache mithilfe einer notwendigen bzw. einer hinreichenden Bedingung.
Hinweis: Es werden zwei unterschiedliche Formulierungen verlangt.

Vorteil: Es handelt sich um ein leichtes und anschauliches mathematisches Beispiel.

Lösung

Dass das Viereck ein Quadrat sein muss, ist eine hinreichende, aber keine notwendige Bedingung dafür, dass alle vier Innenwinkel 90° betragen.

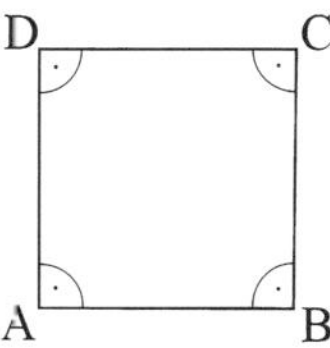

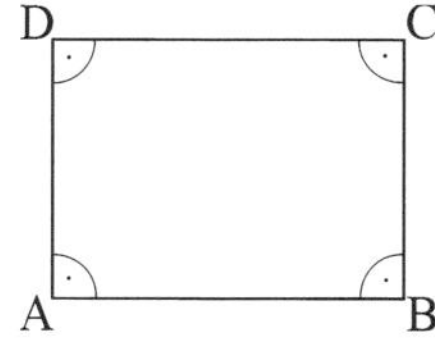

Oder:
„Alle vier Innenwinkel betragen 90°" ist eine notwendige, aber keine hinreichende Bedingung dafür, dass ein Viereck ein Quadrat ist.

Beispiel 5

Wenn eine Zahl irrational ist, dann ist ihre Dezimalschreibweise eine nicht abbrechende Dezimalzahl.
Formuliere diese Aussage mithilfe von notwendigen bzw. hinreichenden Bedingungen.

Lösung

Die Eigenschaft nicht abbrechend ist eine notwendige, aber keine hinreichende Bedingung für Irrationalität.
Zahlenbeispiel: $\frac{1}{3} = 0{,}333\ldots$

Vorteil: Das Zahlenbeispiel ist den meisten Lernenden bekannt.
Es folgen einige Aussagen, die mit notwendigen und hinreichenden Bedingungen bereits vorformuliert sind. Die Klasse bekommt den Arbeitsauftrag, diese zu bewerten.

Aufgabe

Entscheide, ob die folgenden Aussagen richtig oder falsch sind.
Hinweis: Bei falschen Aussagen ist eine kurze Begründung erforderlich.

(A) Zwei rechte Innenwinkel sind eine hinreichende Bedingung dafür, dass ein Viereck ein Rechteck ist.

(B) Die Ziffer 5 an der Einer-Stelle ist eine notwendige Bedingung dafür, dass eine ganze Zahl durch 5 teilbar ist.

(C) Raute sein ist eine hinreichende Bedingung für vier gleich lange Seiten.

(D) Vier gleich lange Seiten sind eine notwendige Bedingung für eine Raute.

(E) Senkrecht aufeinander stehende Diagonalen einer Raute sind eine hinreichende Bedingung für ein Quadrat.

Vorteil: Die Lernenden werden mit typischen Formulierungen aus der Mathematik konfrontiert. Dies ist gut vorbereitet, denn sie haben bereits viele Beispiele untersucht. Da es sich um relativ einfache, anschauliche Sachverhalte handelt, stehen die Chancen gut, die Aufgaben allein erfolgreich zu lösen.

Lösung

(A) ist falsch. Gegenbeispiel: Ein rechtwinkliges Trapez.

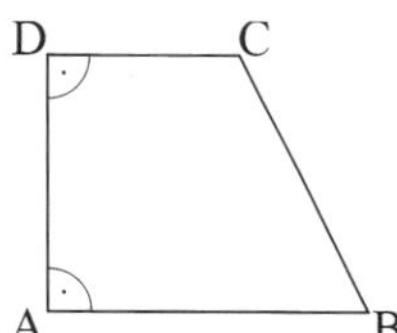

(B) ist falsch. Gegenbeispiel: 100 ist durch 5 teilbar, obwohl an der Einer-Stelle eine 0 steht.

(C) ist richtig.

(D) ist richtig.

Anmerkung: Ein Quadrat ist ein Sonderfall einer Raute.

(E) ist falsch. Die Diagonalen stehen nicht nur in einem Quadrat, sondern in jeder Raute senkrecht aufeinander.

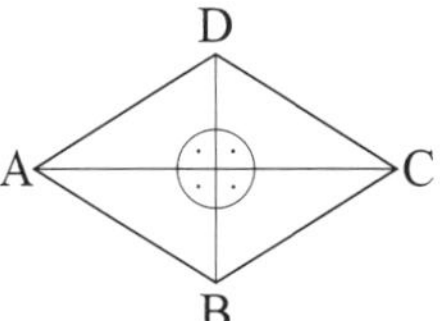

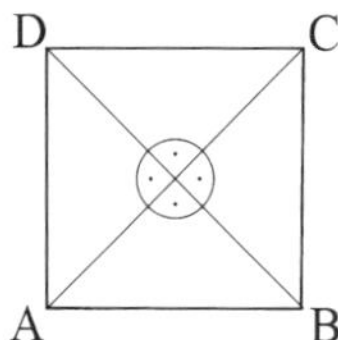

26 Indirekter Beweis

Vorbemerkung: Es handelt sich um einen themenübergreifenden Lösungsansatz mit vielfältigen Anwendungen. Es ist aber ein Stiefkind der Schulmathematik. Man argumentiert häufig wie beim indirekten Beweis (wenn etwas nicht so wäre, also mit Konjunktiv), aber man formuliert nicht so klar. Der vorliegende Unterrichtsvorschlag behandelt nach einem sanften Einstieg sowohl einfache als auch anspruchsvollere Anwendungen. Einige Aufgaben sind klassische Beispiele der Mathematik. Zum Schluss zeigt das Autorenteam die Grenzen des indirekten Beweises auf.

26.1 Einführung

Herr Müller klingelt an der Haustür von Familie Meier. Max Meier, 6, öffnet die Tür. Herr Müller sagt ihm, dass er mit Herrn Meier sprechen möchte. Max verschwindet im Haus, kommt aber nach kurzer Zeit zurück und sagt:
„Mein Vater lässt ausrichten, dass er jetzt leider nicht zu Hause ist.“
Was denkt Herr Müller wohl?
Vorteil: Die Klasse versteht das Phänomen sofort.
Die Lehrperson sagt: Herr Müller weiß, dass Herr Meier zu Hause ist. Erklärt, wie er zu dieser Erkenntnis kam!

Nach einem Unterrichtsgespräch hält man fest, dass es zwei Möglichkeiten gibt.

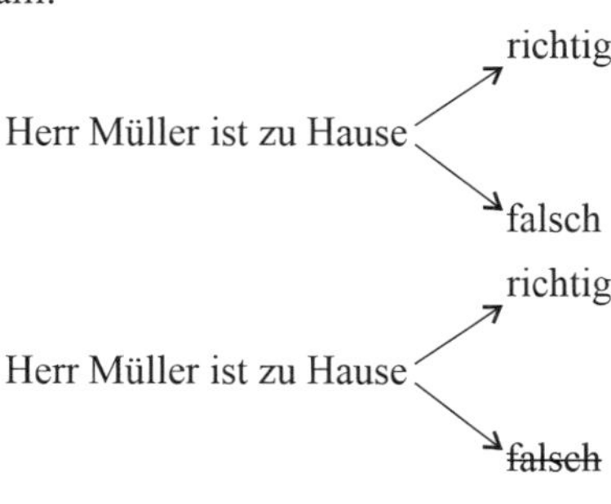

Wenn Herr Müller nicht zu Hause wäre, hätte er nichts ausrichten können. Dies beweist, dass die Aussage nicht falsch sein kann. Die Lehrperson streicht die Möglichkeit „falsch“ durch. Damit bleibt „richtig“ übrig.

26.2 Das Prinzip des indirekten Beweises

Man kann beweisen, dass eine Aussage *richtig* ist, indem man zeigt, dass sie *nicht falsch* sein kann.
Man redet vom **indirekten Beweis,** da man eine Aussage nicht direkt beweist, sondern *indirekt,* indem man die andere Möglichkeit ausschließt.

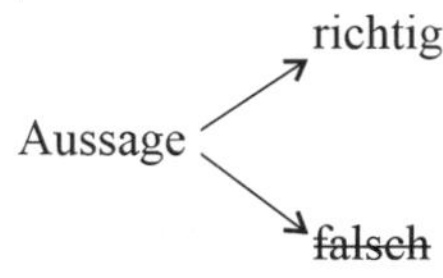

26.3 Anwendungen

Aufgabe 1

Zeige, dass $\log_2 3$ eine irrationale Zahl darstellt.

Lösung

Indirekter Beweis
Annahme: $\log_2 3$ ist eine rationale Zahl.
$\log_2 3 = \frac{p}{q}$, mit p und q natürliche Zahlen
Aus der Definition des Logarithmus folgt:
$2^{\frac{p}{q}} = 3$
Mit der Definition der Wurzel folgt:
$\sqrt[q]{2^p} = 3$
Man nimmt nun beide Seiten hoch q:
$2^p = 3^q$

$$\underbrace{2 \cdot 2 \cdot 2 \cdot \ldots \cdot 2}_{\text{p-mal}} = \underbrace{3 \cdot 3 \cdot 3 \cdot \ldots \cdot 3}_{\text{q-mal}}$$

Die linke Seite ist durch 2 teilbar, die rechte Seite aber nicht. Dies ist ein Widerspruch.
Der Widerspruch bedeutet, dass die Annahme *nicht* stimmt.
Damit ist bewiesen, dass $\log_2 3$ irrational ist.
Die Lehrperson teilt mit, dass selbst sie für diese Aufgabe keinen direkten Beweis kennt.

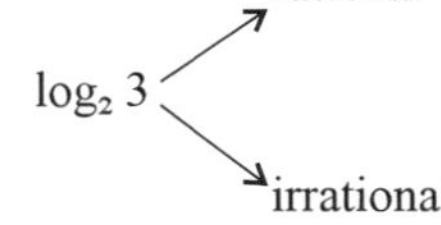

Vorteil: Die Klasse erfährt, dass in bestimmten Fällen nur der indirekte Beweis zum Ziel führt.
Die nächst Aufgabe stammt aus der Antike.

Aufgabe 2

Zeige, dass es unendlich viele Primzahlen gibt.

Lösung

Indirekter Beweis
Annahme: Es gibt nur endlich viele Primzahlen.
Die einzigen Primzahlen sind $p_1, p_2, p_3, \ldots, p_n$. (1)
$p_1 = 2, p_2 = 3, p_3 = 5$ usw.

p_n ist die größte Primzahl. (2)

Man bildet die Zahl

$k = p_1 \cdot p_2 \cdot p_3 \cdot \ldots \cdot p_n + 1$

Für diese Zahl k gilt:

k ist größer als alle Primzahlen.

Aus (2) folgt, dass k keine Primzahl ist.

Daher kann man k als ein Produkt von Primzahlen darstellen:

Es ist p eine Primzahl, die k teilt. (3)

Die Zahl k ist durch keine der Primzahlen $p_1, p_2, p_3, \ldots, p_n$ teilbar. (4)

Tatsächlich, es ergibt sich stets der Rest 1 bei der Division mit Rest.

Aus (3) und (4) folgt:

Die Primzahl p ist keine der Primzahlen $p_1, p_2, p_3, \ldots, p_n$.

Dies ist ein Widerspruch zu (1). Der Widerspruch zeigt, dass die Annahme nicht richtig ist.

Primzahlen → ~~endlich viele~~
Primzahlen → unendlich viele

Daraus folgt: Es gibt unendlich viele Primzahlen.

Anmerkung: Dieser Gedankengang gilt als einer der schönsten Beweise der Mathematik.

Aufgabe 3

Beweise, dass es unendlich viele natürliche Zahlen gibt, die genau 3 Teiler haben.

Lösung

Indirekter Beweis

Annahme: Es gibt endlich viele natürliche Zahlen, die genau 3 Teiler haben.

Dann gibt es eine größte Zahl mit dieser Eigenschaft. Man bezeichnet diese Zahl mit n:

n ist die größte natürliche Zahl mit genau drei Teilern. (*)

Es sei p eine Primzahl, die größer als n ist. So eine Primzahl gibt es, da es unendlich viele Primzahlen gibt.

Schließlich betrachtet man die Zahl $k = p^2$

Die Zahl k hat genau drei Teiler 1, p und p^2 (1)

k ist größer als p und p ist größer als n. Daraus folgt:

k ist größer als n (2)

(1) und (2) bedeutet:

k ist eine natürliche Zahl mit genau drei Teilern, die größer als n ist.

Dies ist ein Widerspruch zu (*).

Der Widerspruch zeigt, dass die Annahme nicht richtig ist.
Daraus folgt:
Es gibt unendlich viele natürliche Zahlen, die genau 3 Teiler haben.

Alternativlösung (direkter Beweis)
Man kann unendlich viele Zahlen mit der gesuchten Eigenschaft angeben. Wenn p eine Primzahl ist, dann hat die Zahl p^2 genau drei Teiler: 1, p und p^2.
Da es aber unendlich viele Primzahlen gibt, erhält man unendlich viele Zahlen der Form p^2.
Vorteil: Die Klasse erlebt für dieselbe Aufgabe sowohl einen indirekten als auch einen direkten Beweis.

26.4 Anwendungen zu Wurzeln

26.4.1 $\sqrt{2}$ ist irrational (Teil 1)

Satz: Die Zahl $\sqrt{2}$ ist irrational.

Indirekter Beweis
Annahme: $\sqrt{2}$ ist eine rationale Zahl.
Dann gibt es $a, b \in \mathbb{N}^*$, sodass $\sqrt{2} = \frac{a}{b}$ ist, wobei $\frac{a}{b}$ ein vollständig gekürzter Bruch ist. (*)

$\sqrt{2} = \frac{a}{b} \quad | \cdot b$

$b\sqrt{2} = a \quad |^2$

$2b^2 = a^2$ (1)

Die linke Seite ist ein Vielfaches von 2. Daraus folgt, dass die rechte Seite auch eine gerade Zahl sein muss, d. h.
$a = 2a_1$, mit $a_1 \in \mathbb{N}^*$. (2)

Mit (2) in (1) folgt:
$2b^2 = 4a_1^2$, und somit
$b^2 = 2a_1^2$ (3)
Die rechte Seite ist ein Vielfaches von 2. Daraus folgt, dass die linke Seite auch eine gerade Zahl sein muss, d. h.
$b = 2b_1$, mit $b_1 \in \mathbb{N}^*$. (4)
(2) und (4) ergibt
$\frac{a}{b} = \frac{2a_1}{2b_1} = \frac{a_1}{b_1}$

Man konnte also den vollständig gekürzten Bruch weiter kürzen.
Dies ist ein Widerspruch zu (*).
Der Widerspruch zeigt, dass die Annahme nicht richtig ist.
Damit ist bewiesen, dass $\sqrt{2}$ irrational ist.

26.4.2 Ein mathematischer Aufsatz

Der Beweis von 29.4.1 ist zwar mathematisch korrekt, ist aber psychologisch nicht ganz ohne. Die Lehrperson lockert daher den Unterricht durch einen mathematischen Aufsatz, der aus einem Schüler-Lehrer-Dialog besteht.

Charly: *Dieser Gedankengang ist so verzwickt, dass ich nicht einmal weiß, wo er anfängt und wo er endet.*

Lehrerin: *Was ist da unklar?*

Charly: *Bereits der erste Schritt. Wir wollten doch zeigen, dass $\sqrt{2}$ keine rationale Zahl ist. Und was nehmen wir gleich an? Dass $\sqrt{2}$ eine rationale Zahl ist. Das ist doch verrückt!*

Lehrerin: *Die Grundidee des indirekten Beweises lautet, dass wir von der Verneinung der zu zeigenden Aussage ausgehen. Die Methode heißt übrigens auch „red. ad. abs.".*

Charly: *Jetzt bin ich aber berührt. Dies heißt doch übrigens auch „wa. so. qua.".*

Lehrerin: *Diese Abkürzung kenne ich gar nicht. Was bedeutet sie denn?*

Charly: *„wa. so. qua." bedeutet „Was soll der Quatsch?". Und mich würde nicht die komische Abkürzung, sondern das interessieren, was dahintersteckt.*

Lehrerin: *Eine Aussage ist entweder richtig oder falsch. Wenn wir zeigen können, dass eine Aussage nicht falsch sein kann, dann muss sie automatisch richtig sein.*

Charly: *Es ist zwar logisch, aber schon verdreht. Wozu die Sache so verkomplizieren? Zeigen wir doch direkt, dass die Aussage richtig ist und Tschüss.*

Lehrerin: *Ab und zu führt nur ein Umweg zum Ziel.*

Charly: *Es ist beruhigend zu wissen, dass sogar Profi-Mathematiker manchmal auf Granit beißen. Was den Gedankengang unserer Aufgabe betrifft, da ist für mich der Widerspruch das Ungewöhnliche. Denn normalerweise meiden wir ja Widersprüche. Jetzt aber haben wir diesen Widerspruch fast gejagt. Es ist eine verkehrte Welt.*

Lehrerin: *Das ist ja der springende Punkt. Unsere Annahme, wonach die Aussage falsch sei, führte zu einem Widerspruch. Dies bedeutet, dass die Aussage nicht falsch sein kann. Sie muss also richtig sein.*

Charly: *Es ist unheimlich verzwickt, aber doch logisch. Ich kann es mir aber viel einfacher merken.*

Lehrerin: *Wie denn?!*

Charly: *Ein indirekter Beweis bedeutet: Ein Masochist ahnt, dass die Sache schief gehen wird und freut sich schon im Vorfeld darauf, dass er richtig auf die Nase fällt. Und jetzt beruhigen Sie sich bitte. Bei der Prüfung werde ich zwar so denken, aber ich schreibe es nicht hin. Aber, etwas anderes geht mir nicht aus dem Kopf.*

Lehrerin: *Was denn?*

Charly: *Der Widerspruch entstand, indem der Bruch doch noch kürzbar war. Was hat das denn mit der Aufgabe zu tun?! Gar nichts! Es ging doch darum ob $\sqrt{2}$ als gewöhnlicher Bruch geschrieben werden kann oder nicht. Wenn es einen solchen Bruch gibt, können wir ihn meinetwegen kürzen, erweitern, wen stört es schon? Wenn es aber keinen Bruch gibt, ist das Kürzen auch hinfällig … Aber hallo! Es gibt gar keinen Bruch, da $\sqrt{2}$ nicht rational ist. Die ganze Aufregung also nur deswegen, weil jemand einen Phantombruch gekürzt hat. Das ist doch lächerlich! So ein scheinheiliger Widerspruch. …*

Lehrerin: *Ein Widerspruch ist nun mal ein Widerspruch … Der Gedankengang stellt übrigens einen berühmten Beweis der Schule von Euklid dar.*

Charly: *Ich zweifle nicht daran, dass der Typ ein Einserschüler war. Mit diesem absurden Widerspruch lag er aber trotzdem völlig daneben. Komischerweise endete der Beweis ausgerechnet dann, als er anfing, meine Neugier zu wecken.*

Lehrerin: *Was meinst du jetzt?*

Charly: *Mit (4) in (3) folgt $2b_1^2 = 4a_1^2$, d. h. $b_1^2 = 2a_1^2$. Dies bedeutet wiederum $b_1 = 2b_2$.*

Lehrerin: *Das hört aber nie auf. Diesen Schritt könnten wir bis ins Unendliche fortsetzen.*

Charly: *Endlich mal eine richtig spannende Wendung! Beenden wir den Beweis mit dieser Idee?!*

26.4.3 $\sqrt{2}$ ist irrational (Teil 2)

Satz: Die Zahl $\sqrt{2}$ ist irrational

Indirekter Beweis
Annahme: $\sqrt{2}$ ist rational.
Dann gibt es a, b $\in \mathbb{N}^*$, sodass $\sqrt{2} = \frac{a}{b}$
$\sqrt{2} = \frac{a}{b} \qquad | \cdot b$
$b\sqrt{2} = a \qquad | 2$
$2b^2 = a^2$ (1)

Die linke Seite ist ein Vielfaches von 2. Daraus folgt, dass die rechte Seite auch eine gerade Zahl sein muss, d. h. es ist:
$a = a_1$, mit $a_1 \in \mathbb{N}^*$ (2)
Mit (2) in (1) folgt:
$2b^2 = 4a_1^2$
$b^2 = 2a_1^2$ (3)

Die rechte Seite ist ein Vielfaches von 2. Daraus folgt, dass die linke Seite auch eine gerade Zahl sein muss, d. h. es ist:
$b = 2b_1$, mit $b_1 \in \mathbb{N}^*$ (4)
Mit (4) in (3) folgt:
$4b_1^2 = 2a_1^2 \qquad |: 2$
$2b_1^2 = a_1^2$ (5)
Wie oben folgt:
$a_1 = 2a_2$, mit $a_2 \in \mathbb{N}^*$ (6)
Mit (6) in (5) folgt:
$2b_1^2 = 4a_2^2 \qquad |: 2$
$b_1^2 = 2a_2^2$ (7)

Wie oben folgt:
$b_1 = 2b_2$, mit $b_2 \in \mathbb{N}^*$ (8)
Diesen Gedankengang kann man *bis ins Unendliche fortsetzen.* Damit folgt:
$a = 2a_1 = 2 \cdot 2a_2 = 2 \cdot 2 \cdot 2a_3 = 2 \cdot 2 \cdot 2 \cdot 2a_4 = 2 \cdot 2 \cdot 2 \cdot 2 \cdot 2a_5 = \ldots$ (9)

(9) bedeutet, dass die natürliche Zahl a *beliebig oft* durch 2 teilbar ist. Dies ist ein Widerspruch.
Der Widerspruch zeigt, dass die Annahme nicht richtig ist.
Damit ist bewiesen, dass $\sqrt{2}$ irrational ist.
Vorteil: Der klassische Beweis wird aus Schülersicht hinterfragt und originell ergänzt.

26.5. Eine Aufgabe und zwei Lösungen

Untersuche, ob der Term

$\sqrt{2} + \sqrt{18}$

eine rationale oder eine irrationale Zahl darstellt.

Daniels Lösung

Indirekter Beweis

Annahme: $\sqrt{2} + \sqrt{18}$ ist rational.

Es gibt also eine rationale Zahl r, so dass gilt:

$\sqrt{2} + \sqrt{18} = r \qquad |^2$

$(\sqrt{2} + \sqrt{18})^2 = r^2$

$2 + 2 \cdot \sqrt{2} \cdot \sqrt{18} + 18 = r^2$

$20 + 2 \cdot \sqrt{36} = r^2$

$20 + 2 \cdot 6 = r^2$

Die linke Seite ist rational und die rechte Seite ist ebenfalls rational. Es ist also *kein* Widerspruch. Dies bedeutet, dass die Annahme stimmt.

Antwort: $\sqrt{2} + \sqrt{18}$ ist rational.

Julias Lösung

Indirekter Beweis

Annahme: $\sqrt{2} + \sqrt{18}$ ist rational.

Es gibt also eine rationale Zahl r, sodass gilt:

$\sqrt{2} + \sqrt{18} = r \qquad |-\sqrt{2}$

$\sqrt{18} = r - \sqrt{2} \qquad |^2$

$(\sqrt{18})^2 = (r - \sqrt{2})^2$

$18 = r^2 - 2r\sqrt{2} + 2$

$2r\sqrt{2} = r^2 - 16 \qquad |: (2r)$

$\sqrt{2} = \frac{r^2 - 16}{2r}$

Die linke Seite ist irrational, die rechte Seite ist rational. Widerspruch. Daraus folgt:

Antwort: $\sqrt{2} + \sqrt{18}$ ist irrational.

Wie ist es nun?

Vorteil: Ein Widerspruch hat einen besonderen Reiz auf die Lernenden und regt sie zum Nachdenken an.

Auflösung

Julias Lösung ist korrekt.

Der Fehler in *Daniels Lösung:* Kein Widerspruch bedeutet *nicht,* dass die Annahme stimmt. Tatsächlich ist:

$20 + 2 \cdot 6 = r^2$

$32 = r^2$
$r = \sqrt{32}$
$r = \sqrt{32} = \sqrt{16 \cdot 2} = \sqrt{16} \cdot \sqrt{2} = 4\sqrt{2}$
$r = 4\sqrt{2}$
$\frac{r}{4} = \sqrt{2}$

Die linke Seite ist rational, die rechte Seite ist irrational. Dies ist ein Widerspruch. $\sqrt{2} + \sqrt{18}$ ist also irrational.

Vorteil: Die Lernenden waren bis jetzt stets mit Widersprüchen konfrontiert. Die Klasse entdeckt nun, dass bei keinem Widerspruch allgemein keine Aussage möglich ist. Stattdessen sind weitere Untersuchungen erforderlich.

Anregung: Die Lehrperson sollte den Lernenden genug Zeit zum Nachdenken lassen. Die Auflösung kann eventuell später, erst in der nachfolgenden Stunde erfolgen.

Die Lehrperson kann der Klasse noch einen weiteren Lösungsweg zeigen:

Dianas Lösung

Direkter Beweis

$\sqrt{2} + \sqrt{18} = \sqrt{2} + \sqrt{9 \cdot 2} = \sqrt{2} + \sqrt{9} \cdot \sqrt{2} = \sqrt{2} + 3\sqrt{2} = 4\sqrt{2} = \sqrt{16} \cdot \sqrt{2}$
$= \sqrt{32}$

also

$\sqrt{2} + \sqrt{18} = \sqrt{32}$

$\sqrt{32}$ ist irrational, da 32 keine Quadratzahl ist. Daraus folgt, dass $\sqrt{2} + \sqrt{18}$ irrational ist.

26.6 Die Grenzen des indirekten Beweises

Die Lehrperson erzählt folgende Geschichte:

Ein Mathematiklehrer hat einige Wochen vor Zeugnisausgabe einen Brief erhalten.

Der Brief beinhaltete ein Blatt Papier mit dem folgenden Rahmen:

p: In diesem Rahmen sind beide Aussagen falsch.
q: Im Zeugnis bekommt jeder Schüler eine Eins in Mathematik.

Der Lehrer hat die zwei Zeilen schmunzelnd durchgelesen. Auf dem Umschlag stand zudem noch die folgende Aufforderung:

„Untersuchen Sie bitte, ob die Aussage p wahr oder falsch ist und interpretieren Sie das Ergebnis!"

Folgende Überlegungen stellte er an:
Zuerst untersuche ich, ob die Aussage p wahr sein kann.
p besagt: „In diesem Rahmen sind beide Aussagen falsch."
Wenn p ***wahr*** *wäre, dann wären beide Aussagen p und q tatsächlich falsch.*
Damit wäre auch p ***falsch.***
Dieser Widerspruch (aus „p ist wahr" folgt „p ist falsch") zeigt, dass p nicht wahr sein kann.
Mit dem Prinzip des indirekten Beweises folgt:
Die Aussage p ist falsch. *(1)*
Jetzt soll ich dieses Ergebnis noch interpretieren. Was bedeutet nun, dass p falsch ist?
„In diesem Rahmen sind beide Aussagen falsch." stimmt also nicht.
Anders gesagt:
„In diesem Rahmen sind nicht beide Aussagen falsch."
Daraus folgt:
Es gibt in diesem Rahmen auch eine wahre Aussage.
Da die Aussage p laut (1) falsch ist, kann diese wahre Aussage nur q sein.
Dies bedeutet:
„Im Zeugnis bekommt jeder Schüler eine Eins in Mathematik." trifft zu.

Die Zeit verging und dem Lehrer das Lachen.
Den Widerspruch könnte er auflösen, indem er der ganzen Klasse eine Eins gibt. Das geht aber nicht!
Was sagt er nun, wenn sich der Verfassende des Briefes meldet und ihn anspricht?

Hier endet die Geschichte.
Schüler versuchen, durch logisches Denken Fehler zu finden und Klarheit zu schaffen. Dieses Muster wird aber jetzt nicht funktionieren. Es ist eher von einer gewissen Ratlosigkeit auszugehen.
Der Gedankengang enthält keinen „klassischen Fehler", jede Folgerung ist an und für sich richtig. Das Endergebnis, wonach jede Schülerin und jeder Schüler im Zeugnis eine Eins erhalten soll, ist umso verblüffender.
Die Aussage q ist *einerseits richtig,* laut Gedankengang.
Die Aussage q ist aber *andererseits* offensichtlich *falsch.*
Anders gesagt:
Man kann die Aussage q als richtig *und* als falsch betrachten.
In einem solchen Fall versagt aber das Prinzip des indirekten Beweises.

Vorteil: Die Klasse erlebt, dass das Prinzip des indirekten Beweises nicht anwendbar ist, wenn man über eine Aussage nicht eindeutig entscheiden kann, ob sie richtig oder falsch ist.
Das Phänomen ist für die meisten Lernenden neu. Daher wäre es sinnvoll, das Thema nicht abrupt zu beenden. Anbei einige Möglichkeiten und Anregungen:

- Der Gedankengang, aus dem „q ist richtig" hervorgeht, gilt völlig unabhängig davon, welchen Inhalt q hat.
- Ganz ähnlich könnte man „beweisen", dass q: „$2 \cdot 2 = 5$" richtig sein müsste. Dies ist jedoch absurd.

Es gibt auch andere Aussagen, über die man nicht entscheiden kann, ob die richtig sind oder falsch.
Beispiel: p: Jetzt lüge ich.
Wenn p *wahr* ist, dann lüge ich tatsächlich. Damit sage ich aber die Unwahrheit, p ist also *falsch.*
Dies ist ein Widerspruch.
Wenn p *falsch* ist, dann stimmt es nicht, dass ich lüge. Wenn ich nicht lüge, dann sage ich die Wahrheit.
Also ist p *wahr.* Dies ist ebenfalls ein Widerspruch.
Anmerkung: Die Aussage p hat keine Substanz, denn man weiß nicht, woraus die Lüge besteht. Würde man es wissen, dann könnte man in der Regel entscheiden, ob p zutrifft oder nicht.
Die binäre Logik beschäftigt sich nur mit Aussagen, die entweder richtig oder falsch sind.
Die erzählte Geschichte mag vielleicht märchenhaft und konstruiert klingen. Es gibt aber auch einige wichtige innermathematische Phänomene.
Ein *berühmtes Beispiel:*
Wie viele Parallelen gibt es zu einer Geraden g, die durch einen Punkt P geht, der nicht auf der Geraden g liegt?
Man würde sagen: Klar eine, was soll die Frage?
Wenn es *eine* Parallele gibt, dann erhält man die **Euklidische Geometrie.**
In der Schule wird diese unterrichtet.
Es könnte aber auch sein, dass es *mehrere* Parallele gibt. Dann entsteht die **Hyperbolische Geometrie.**
Die Euklidische Geometrie ist ein gutes Modell für die Welt der (relativ) kleinen Geschwindigkeiten.
Die Hyperbolische Geometrie ist ein gutes Modell für sehr hohe Geschwindigkeiten und hat Anwendungen in der Relativitätstheorie von Einstein.

Die Formel von Bernoulli

27

Vorbemerkung: Die Formel von Bernoulli wird von der Klasse entdeckt. Schwerpunkte sind das Aufstellen der Formel sowie die Deutung einer angegebenen Formel.

27.1 Einführung

Aufgabe 1

Bei einer verbeulten Münze ist die Wahrscheinlichkeit für Kopf 0,7 und für Zahl 0,3. Die Münze wird fünfmal geworfen.
Stelle einen Term auf, mit dessen Hilfe die Wahrscheinlichkeit des Ereignisses E ermittelt werden kann:
E: Es fällt genau zweimal Zahl.

Lösung

Zunächst zählt man alle Pfade auf, die zum Ereignis führen.

KKKZZ	KZKZK
KKZKZ	ZKKZK
KZKKZ	KZZKK
ZKKKZ	ZKZKK
KKZZK	ZZKKK

Das Zusammenzählen ergibt 10 Pfade. Die Wahrscheinlichkeit für KKKZZ ist $0{,}7 \cdot 0{,}7 \cdot 0{,}7 \cdot 0{,}3 \cdot 0{,}3$. Für KKZKZ ergibt sich $0{,}7 \cdot 0{,}7 \cdot 0{,}3 \cdot 0{,}7 \cdot 0{,}3$. Da die Reihenfolge der Faktoren keine Rolle spielt, hat jeder Pfad die Wahrscheinlichkeit $0{,}7^3 \cdot 0{,}3^2$.

Damit gilt: $P(E) = 10 \cdot 0{,}7^3 \cdot 0{,}3^2$

Die Lehrperson zeigt auf die Pfade und sagt: Von den 5 Würfen sollen genau 2 Zahl sein. Wir versuchen also, auf alle denkbaren Arten 2-mal Zahl an 5 möglichen Stellen unterzubringen.
Die Lehrperson fragt: Auf wie vielen Arten kann man von 5 Würfen 2 auswählen?
Es ist davon auszugehen, dass einige Schülerinnen und Schüler es wissen: Ziehen mit einem Griff, also $\binom{5}{2}$.
$\binom{5}{2}$ wird mit dem Taschenrechner berechnet: $\binom{5}{2} = 10$

Vorteil: Die Klasse erlebt einen Aha-Effekt.

Die Lehrperson führt folgende Zufallsvariable ein:
X: Die Anzahl der gefallenen Zahlen.
Damit wird aus P (E):
$P(X = 2) = \binom{5}{2} \cdot 0{,}3^2 \cdot 0{,}7^3$

Die Lehrperson sagt nun, dass sie den Term nicht ausrechnen, sondern anders schreiben wird. Man begründet dies damit, dass auf diesem Wege etwas Neues gemeinsam entdeckt werden kann.

$P(X = 2) = \binom{5}{2} \cdot 0{,}3^2 \cdot (1 - 0{,}3)^{5-2}$

Die Lehrperson kann Zahlen mit unterschiedlichen Farben markieren. Anstatt die Formel allgemein zu formulieren, zeigt die Lehrperson zunächst eine zweite Aufgabe. Durch zwei ähnliche Beispiele werden viele Gemeinsamkeiten deutlich.

Aufgabe 2
Bei einer verbeulten Münze ist die Wahrscheinlichkeit für Kopf 0,8 und für Zahl 0,2. Die Münze wird neunmal geworfen.
Stelle einen Term auf, mithilfe dessen die Wahrscheinlichkeit des Ereignisses ermittelt werden kann:
F: Es fällt genau viermal Zahl.

Lösung
Es ist davon auszugehen, dass viele Schülerinnen und Schüler den Term korrekt aufstellen.

$P(F) = P(X = 4) = \binom{9}{4} \cdot 0{,}2^4 \cdot (1 - 0{,}2)^5$

Vorteil: Die Klasse hat die Formel von Bernoulli bereits intuitiv verstanden.

Alternativ zu mehreren Farben kann die Lehrperson auch Folgendes anregen:
$P(X = 4) = \binom{9}{4} \cdot 0{,}2^4 \cdot 0{,}8^5$
wobei $9 = 4 + 5$ und $0{,}2 + 0{,}8 = 1$

Der Lehrperson ist bewusst: Die meisten Schülerinnen und Schüler merken sich die Formel von Bernoulli anhand von solchen Beispielen. Die allgemeine Formel rundet die Sache zwar ab, man sollte sie aber zu Beginn nicht in den Vordergrund stellen.

Aufgabe 3

a) Ein Sportschütze trifft das Ziel mit der Wahrscheinlichkeit 0,85.
Es ist $P(A) = \binom{12}{10} \cdot 0{,}85^{10} \cdot 0{,}15^2$.
Deute das Ereignis A im Sachzusammenhang.

b) Bei einem anderen Sportschützen gilt für das Ereignis B:
$P(B) = \binom{50}{a} \cdot 0{,}75^{43} \cdot b^c$
Ermittle die Werte für a, b und c.

Lösung

a) A: Der Sportschütze schießt 12-mal und trifft dabei 10-mal das Ziel.

b) Aus $50 = 43 + c$ folgt $c = 7$.
Aus $0{,}75 + b = 1$ folgt $b = 0{,}25$.
Schließlich ist $a = 43$.

Vorteil: Die Klasse übt die Formel von Bernoulli durch Rückwärts Denken.

27.2 Die Formel von Bernoulli

Es ist
$P(X = k) = \binom{n}{k} \cdot p^k \cdot (1 - p)^{n-k}$
wobei
n die Länge der Kette ist,
p die Trefferwahrscheinlichkeit ist,
X die Anzahl der Treffer beschreibt,
k die Anzahl der Treffer ist.

Die Lehrperson verweist auf ein Beispiel aus 27.1 und legt n, p und k fest. Anschließend bespricht man dies mit der Klasse auch an einem anderen Beispiel aus 27.1.
Vorteil: Die Klasse kann die allgemeine Formel anhand der bekannten Beispiele gut einordnen.

Aufgabe 4

Raphael und Manuel spielen regelmäßig Tennis miteinander. Raphael gewinnt im Schnitt zwei von drei Spielen.

a) Sie machen vier Spiele. Ermittle die Wahrscheinlichkeit des Ereignisses:
E: Manuel gewinnt genau zwei Spiele.

b) Formuliere ein Ereignis F, für das gilt:
$P(F) = \binom{8}{6} \cdot \left(\frac{2}{3}\right)^6 \cdot \left(\frac{1}{3}\right)^2 + 8 \cdot \left(\frac{2}{3}\right)^7 \cdot \frac{1}{3} + \left(\frac{2}{3}\right)^8$

Lösung

a) X: Anzahl der von Manuel gewonnenen Spiele.
Manuel gewinnt im Schnitt eines von drei Spielen, also ist für ihn $p = \frac{1}{3}$. Mit $n = 4$ und $k = 2$ folgt:
$P(E) = P(X = 2) = \binom{4}{2} \cdot \left(\frac{1}{3}\right)^2 \cdot \left(\frac{2}{3}\right)^2 \approx 0{,}2963$
Ohne Taschenrechner hätte man folgenden Term zu berechnen:
$P(E) = \frac{4 \cdot 3}{1 \cdot 2} \cdot \frac{1}{9} \cdot \frac{4}{9} = \frac{6}{1} \cdot \frac{4}{81} = \frac{24}{81} = \frac{8}{27}$

b) Raphael gewinnt im Schnitt zwei von drei Spielen, also ist für ihn $p = \frac{2}{3}$.
Der Term $\binom{8}{6} \cdot \left(\frac{2}{3}\right)^6 \cdot \left(\frac{1}{3}\right)^2$ gibt die Wahrscheinlichkeit an, mit der Raphael 6 von 8 Spielen gewinnt.
Die anderen zwei Terme scheinen nicht die Struktur der Formel von Bernoulli zu haben. In Wirklichkeit gilt aber:
$8 \cdot \left(\frac{2}{3}\right)^7 \cdot \frac{1}{3} = \binom{8}{7} \cdot \left(\frac{2}{3}\right)^7 \cdot \left(\frac{1}{3}\right)^1$ und $\left(\frac{2}{3}\right)^8 = \binom{8}{8} \cdot \left(\frac{2}{3}\right)^8 \cdot \left(\frac{1}{3}\right)^0$

Vorteil: Die Formel wird an Sonderfällen vertieft.

Also ist:

$$P(F) = \underbrace{\binom{8}{6} \cdot \left(\frac{2}{3}\right)^6 \cdot \left(\frac{1}{3}\right)^2}_{\text{6-mal gewonnen}} + \underbrace{\binom{8}{7} \cdot \left(\frac{2}{3}\right)^7 \cdot \left(\frac{1}{3}\right)^1}_{\text{7-mal gewonnen}} + \underbrace{\binom{8}{8} \cdot \left(\frac{2}{3}\right)^8 \cdot \left(\frac{1}{3}\right)^0}_{\text{8-mal gewonnen}}$$

F: Raphael gewinnt mindestens 6 von 8 Spielen.

27.3 Eine Aufgabe, zwei Lösungen

Aufgabe 5

In einer Urne befinden sich sieben weiße und drei schwarze Kugeln.
Es werden vier Kugeln gezogen (Ziehen mit Zurücklegen).
Bestimme die Wahrscheinlichkeit des Ereignisses.
E: Es werden nacheinander genau zwei weiße Kugeln gezogen.

Jans Lösung

Die Wahrscheinlichkeit eine weiße Kugel zu ziehen, ist $\frac{7}{10}$.
Mit der Formel von Bernoulli folgt:
$P(E) = \binom{4}{2} \cdot \left(\frac{7}{10}\right)^2 \cdot \left(\frac{3}{10}\right)^2 = 0{,}2646$

Noras Lösung
Ich arbeite mit den Pfadregeln: P (W) = 0,7 und P (S) = 0,3

$$P(E) = \underset{W}{0{,}7} \cdot \underset{W}{0{,}7} \cdot \underset{S}{0{,}3} \cdot \underset{S}{0{,}3} + \underset{S}{0{,}3} \cdot \underset{W}{0{,}7} \cdot \underset{W}{0{,}7} \cdot \underset{S}{0{,}3} + \underset{S}{0{,}3} \cdot \underset{S}{0{,}3} \cdot \underset{W}{0{,}7} \cdot \underset{W}{0{,}7} = 0{,}1323$$

Wie ist es nun?!
Vorteil: Ein Widerspruch hat einen besonderen Reiz auf die Schülerinnen und Schüler und regt zum Nachdenken an.

Auflösung
Jan hat nicht berücksichtigt, dass die zwei weißen Kugeln *nacheinander* gezogen werden müssen. Die Formel von Bernoulli erfasst alle möglichen Pfade, also SSWW, SWSW, WSSW, SWWS, WSWS, WWSS. Aber nur bei drei von ihnen (SSWW, SWWS, WWSS) sind die zwei weißen Kugeln aufeinanderfolgend.
Noras Lösung ist korrekt.

Anmerkung: Da Jan doppelt so viele Pfade wie Nora hat, gilt:
0,2646 = 2 · 0,13234

Die Lehrperson hält fest:
Vorsicht Falle! Die Formel von Bernoulli *gilt nicht,* wenn es *Einschränkungen* gibt. Beispiele für Einschränkungen sind: erster, letzter, aufeinanderfolgend.
Vorteil: Die Klasse wurde durch einen lehrreichen Denkfehler sensibilisiert.

Literaturverzeichnis

Baruk, S. (1989) Wie alt ist der Kapitän? Über den Irrtum in der Mathematik. Birkhäuser Verlag.

Furdek, A. (2001): Fehler-Beschwörer. Typische Fehler beim Lösen von Mathematikaufgaben. Norderstedt: Books on Demand.

Furdek, A. (2004): Fehlersuche als Bereicherung des Unterrichts. In: Praxis der Mathematik in der Schule, Heft 1/46, S. 48.

Furdek, A. (2006). Fehler in Kombinatorik und Wahrscheinlichkeitsrechnung. In: Praxis der Mathematik in der Schule, Heft 8/48, S. 40.

Furdek, A. (2007). Tangente zum Schaubild – ein Krimi in fünf Akten. In: mathematiklehren, Heft 140, S 48–50.

Furdek, A. (2008). Beim Prozentrechnen aus lehrreichen Schülerfehlern lernen. Stark-Verlag, in der Reihe 6301, E.1.2, S 1–21.

Furdek, A. (2008). Mephisto mischt im Matheunterricht mit. In: Praxis der Mathematik in der Schule, Heft 21/50 Jg. S. 34–36.

Furdek A. (2013). Pfadregeln und Gegenereignis – Veranschaulichung am Baumdiagramm. Stark-Verlag, Unterrichts-Konzepte, V.3.2, S. 1–22.

Furdek, A. (2013). Notwendige und hinreichende Bedingung – von der Alltagssprache zur Fachsprache. Stark-Verlag, Unterrichts-Konzepte, K.3.2, S. 1–33.

Furdek, A. (2016). Fehler als Bereicherung des Unterrichts – Anregungen und Gestaltungsvorschläge. In: Der Mathematikunterricht, Heft 3, S. 31–40.

Furdek, A. und Benkeser, M. (2007). Viele Wege führen aus Rom – ein Plädoyer für Brainstorming. In: Praxis der Mathematik in der Schule, Heft 14/49 Jg., S. 40–43.

Furdek, A. und Benkeser, M. (2012). Chancen mathematisch erfasst – Spielerische Einführung in die Wahrscheinlichkeitsrechnung. Stark-Verlag, Unterrichts-Konzepte Unterstufe, R.2.3, S. 1–35.

Furdek, A.; Benkeser, M. & Dragmann, D. (2021). Mündliches Abitur BF Gymnasium Baden-Württemberg. Stark-Verlag.

Lakatos, I. (1979). Beweise und Widerlegungen. Die Logik mathematischer Entdeckungen. Vieweg.

Polya, G. (1963). Mathematik und Plausibles Schließen. Birkhäuser.